职业教育工学结合一体化规划教材
计算机应用专业活页式新形态教材

Android程序设计项目化教程

主　编　邱鹏瑞　罗玉梅
副主编　訾永所　钟志贤　孙土土
刘发稳　谢显杰

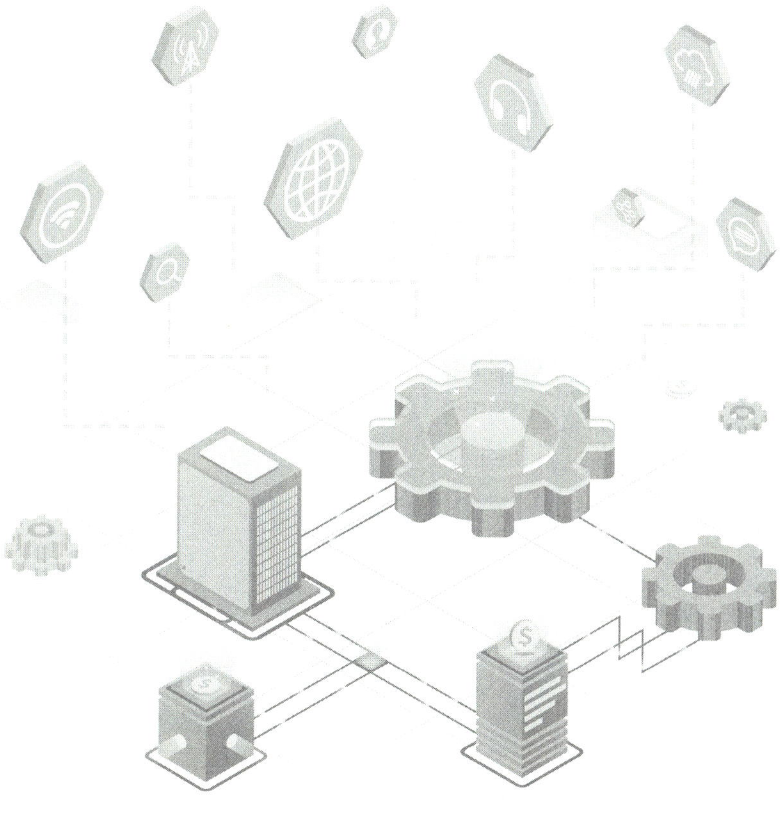

黄河水利出版社
·郑　州·

图书在版编目（CIP）数据

Android 程序设计项目化教程 / 邱鹏瑞，罗玉梅主编
.— 郑州：黄河水利出版社，2024.2
ISBN 978-7-5509-3546-4

Ⅰ. ①A... Ⅱ. ①邱 ... ②罗 ... Ⅲ. ①移动终端 - 应用程序 - 程序设计 - 教材Ⅳ. ①TN929.53

中国国家版本馆 CIP 数据核字 (2023) 第 063835 号

策划编辑　陶金志　电话：0371-66025273　E-mail：838739632@qq.com

责任编辑　乔韵青　　责任校对　王单飞
封面设计　黄瑞宁　　责任监制　常红昕
出版发行　黄河水利出版社
地址：河南省郑州市顺河路 49 号　邮政编码：450003
网址：www.yrcp.com　E-mail：hhslcbs@126.com
发行部电话：0371-66020550
承印单位　河南博之雅印务有限公司
开　　本　787 mm × 1092 mm　1/16
印　　张　16.25
字　　数　375 千字
版次印次　2024 年 2 月第 1 版　2024 年 2 月第 1 次印刷

定　　价　64.00 元

前 言

随着网络的普及和宽带网络资费的不断下降，以及移动设备的迅速普及，移动互联网时代正昂首阔步地向我们走来。Android 是 Google 开发的基于 Linux 平台的开源手机操作系统。它包括操作系统、用户界面和应用程序——移动电话工作所需的全部软件，而且不存在任何以往阻碍移动产业创新的专有权障碍。谷歌与开放手机联盟合作开发了 Android，这个联盟由包括中国移动、摩托罗拉、高通、宏达和 T-Mobile 在内的 30 多家技术和无线应用的领军企业组成。通过与运营商、设备制造商和其他有关各方结成深层次合作伙伴关系，希望借助建立标准化、开放式的移动电话软件平台，在移动产业内形成一个开放式的生态系统。

Android 操作系统最初由 Andy Rubin 开发，主要支持手机。2005 年 8 月由 Google 收购注资。2007 年 11 月，Google 与 84 家硬件制造商、软件开发商及电信运营商组建开放手机联盟共同研发改良 Android 系统。随后 Google 以 Apache 开源许可证的授权方式，发布了 Android 的源代码。第一部 Android 智能手机发布于 2008 年 10 月。Android 逐渐扩展到平板电脑及其他领域上，如电视、数码相机、游戏机等。2011 年第一季度，Android 在全球的市场份额首次超过塞班系统，跃居全球第一。2013 年的第四季度，Android 平台手机的全球市场份额已经达到 78.1%，全世界采用这款系统的设备数量已经达到 10 亿台。2014 年第一季度，Android 平台已占所有移动广告流量来源的 42.8%，首度超越 iOS。Android 一词的本义指“机器人”，同时也是 Google 于 2007 年 11 月 5 日宣布的基于 Linux 平台的开源手机操作系统的名称，该平台由操作系统、中间件、用户界面和应用软件组成。Android 的系统架构和其操作系统一样，采用了分层的架构。Android 分为 5 层，从高层到低层分别为系统应用层、应用框架层、系统运行库层、硬件抽象层和 Linux 内核层。

本书介绍如何使用最新的 Android Studio 集成开发环境来开发 Android App。本书面向岗位职业需求，以培养能力为目标。Android App 开发中必备的知识点在本书中都涵盖到了，如 Android Studio 集成开发环境介绍、用户界面和版面布局、事件处理、Intent 组件、Service 组件、音乐视频播放器、传感器应用、SQLite 数据库等。

本书采用范例驱动式教学，每个项目均有功能不同的范例程序。在学习过程中，读者可以亲自实践教材中的范例代码，所有范例适用于 Android 4.0 ~ Android 9.0，而且都在最新的 Android Studio 4.2.1 集成开发环境下调试通过，可以直接运行在 Android 系统的移动设备之上。

本书可作为高等院校和专业技术培训学校的教材，也适合有基础编程经验的读者自学。

本书由邱鹏瑞、罗玉梅担任主编，訾永所、钟志贤、孙土土、刘发稳、谢显杰担任副主编。

限于编者水平，书中不免存在疏漏与错误，欢迎各界专家和读者给予宝贵的意见和建议，也感谢所有在本书编写过程中给予指导、帮助和鼓励的朋友。

编 者

2023 年 7 月

目 录

1 项目 1 Android 简介及 Android Studio 新接触

1.1　Android 简介

1.1.1　Android 的基本概念

2021 年，是移动互联网飞速发展的一年。伴随 5G 技术的广泛应用、智能手机的不断更新换代和网民使用习惯的改变，移动互联网行业正迎来一个全新时代。它的发展规模和发展速度，超乎大多数人的想象，一个移动互联网时代开始了！所谓移动互联网就是将移动通信和互联网整合在一起，使移动设备（包括手机和上网本）可以随时随地访问互联网资源和应用。智能手机是移动互联网时代一个标志性的客户端工具，它与传统的手机是有区别的，它就像一台“小电脑”，具有独立的操作系统，可以自由安装、卸载软件，具有强大的计算和存储能力，可以通过移动通信网络来实现无线网络接入。智能手机一般具备高速度处理芯片、大存储芯片和存储扩展能力，以及面积大、标准化、可触摸的显示屏，高清摄像头，支持播放式的手机电视和 GPS 导航，操作系统必须支持新应用的安装等。

互联网的竞争格局基本定型，那么移动互联网时代竞争的焦点硬件部分在智能手机终端上，软件部分包括智能手机操作系统和应用软件。目前，主流的智能手机操作系统有苹果的 IOS、华为的 HarmonyOS、Google 的 Android 等。

Google 于 1998 年 9 月 7 日创立，经过十几年在搜索引擎方面的精耕细作，已成为全球互联网巨头，尤其在地图搜索的应用方面更是引人注目。Google 于 2007 年 11 月 5 日宣布开发基于 Linux 平台的开源手机操作系统，名称为 Android，中文译为“机器人”。Android 是一个真正意义上的开源智能手机操作系统，该系统由底层的 Linux、中间层的软件包和上层的 Java 应用程序组合而成。Android 系统正在应用于平板电脑、微波炉、电冰箱等电器中，发展前景广阔。

1.1.2 Android 的发展历史及优势

Android 操作系统最初由 Andy Rubin 开发，当时主要支持手机，2005 年由 Google 收购注资，并与多家制造商组成开放手机联盟，并逐渐扩展到平板电脑及其他领域上。

Andy Rubin 是当今“Android 之父”，Google 于 2005 年并购了成立不到 2 年的高科技企业 Android，展开了短信、手机检索、定位等业务，基于 Linux 的通用平台进行开发。Google 公司在 2007 年 11 月 5 日正式公布这个操作系统。

在移动互联网时代，Google 历经数年，耗资数亿，研发了手机系统 Android。其实 Android 不仅是一个手机操作系统，而且它可以延伸到各种移动设备和 PC，打破了之前的手机市场为少数实力雄厚的公司所垄断的局面。Android 一经推出，受到了业界前所未有的热捧。这主要是因为它“博采众长，为他所用”。Android 采用了开源的 Linux 操作系统，底层使用了访问硬件速度最快的 C 语言，应用层采用了简单而强大的 Java 语言，Android 实现了全部开源，这为 Android 的使用提供了无限可能。硬件厂商可以在原有基础上，根据自己的需求扩展或裁剪现有功能，软件开发人员可以开发出更优秀的软件替换现有软件。

1.1.2.1 Android 系统各个版本及功能

1. Android 1.1

2008 年 9 月 22 日，由 HTC 代工生产 T-Mobile 定制的 HTC GI 正式面世，Android 系统开始面向世人。作为全球首款使用 Android 操作系统的手机，该机支持 WCDMA/HSPA 网络，并支持 Wi-Fi。主要功能有闹钟、API 示例、浏览器、摄像头、联系人、开发工具包、拨号应用、电子邮件、地图（包含街景）、音乐、图片等设置。

2. Android 1.5（Cupcake）

2009 年 4 月 30 日，官方 1.5 版本的 Android（基于 Linux Kernel 2.6.27）发布。主要增加拍摄 / 播放影片，并支持上传到 Youtube，支持立体声蓝牙耳机，同时改善自动配对性能。采用最新的 WebKit 技术的浏览器，支持复制 / 粘贴和页面搜索。GPS 性能大大提高，提供屏幕虚拟键盘。主屏幕增加音乐播放器和相框 Wid-gets，应用程序自动随着手机旋转。浏览器的用户接口大幅改进，Gmail 可以批量删除邮件。相机启动速度加快，拍摄图片可以直接上传 Picasa，来电照片显示。

3. Android 1.6（Donut）

2009 年 9 月 15 日，1.6（基于 Linux Kernel 2.6.29）版本软件开发工具包发布。重新设计的 Android Market，支持 CDMA 网络；支持文字转语音系统（Text-to-Speech），快速搜索框，全新拍照接口；能够查看应用程序耗电，支持虚拟私人网络（VPN），支持更多的屏幕分辨率，支持 OpenCore2 媒体引擎。新增面向视觉或听觉困难人群的易用性插件。

4. Android 2.0/2.0.1/2.1（Eclair）

2009 年 10 月 26 日，2.0（基于 Linux Kernel 2.6.29）版本软件开发工具包发布。具有优化硬件速度、“Car Home”程序，支持更多的屏幕分辨率；改良的用户界面，新浏览器的用户接口和支持 HTML5，新的联系人名单，更好的白色 / 黑色背景比率，改进 Google Maps 3.1.2，支持 Microsoft Exchange，支持内置相机闪光灯；支持数码变焦；改进虚拟键盘，支持蓝牙 2.1，支持动态桌面设计。

5. Android 2.2/2.2.1（Froyo）

2010 年 5 月 20 日，2.2（基于 Linux Kernel 2.6.32）版本软件开发工具包发布。支持将软件安装至扩展内存，支持 Adobe Flash 10.1。加快软件即时编译的速度，新增软件启动“快速”至电话和浏览器。支持 USB 分享器和 Wi-Fi 热点功能，支持在浏览器上传档案；更新 Market 中的批量和自动更新；增加对 Microsoft Exchange 的支持，集成 Chrome 的 V8 JavaScript 引擎至浏览器；加强快速搜索小工具速度和性能的优化。更多软件能通过 Market 更新，类似 2.0/2.1 中的 Map 更新。

6. Android 2.3（Gingerbread）

2010 年 12 月 7 日，Google 正式对外发布下一代智能手机操作系统 2.3。游戏应用方面增加了新的垃圾回收和优化处理时间，以提高对游戏的支持能力，原生代码可直接对传感器数据进行存取操作，EGL/OpenGL ES、OpenSI ES 具有新的管理窗口和生命周期的框架。多媒体应用方面支持 VP8 和 WebM 视频格式，提供 AAC 和 AMR 宽频编码，提供新的音频效果器，如混响、均衡、虚拟耳机和低频提升。在通信方式上支持前置摄像头，SIP/VOIP 和 NFC（近场通信）简化界面，速度提升，更快、更直观地文字输入，一键文字选择和复制 / 粘贴，改进电源管理系统，新的应用管理方式。

7. Android 3.0（Honeycomb）

2011 年 2 月 3 日谷歌发布了专用于平板电脑的 Android 3.0 系统，它带来了很多激动人心的新特性。这是首个基于 Android 的平板电脑专用操作系统，可在桌面中方便使用所有开放性应用软件，可建立在数据合成基础上，如在桌面小窗口中可以同时设置多种应用软件。此外，还有不同的桌面工具，包括竖屏、横屏和滚动屏。在屏幕右下方会跳出通知短消息。短消息中可包括多种数据，如用户朋友通过 Iming 发送消息时的头像照片。此外，用户还可以通过该功能快速访问应用软件，如媒体播放器等。通过添加一行简单的代码，2D 硬件加速可运用在现有 Android 应用软件上。增加 3D 功能，有新的 3D 图像引擎功能 Renderscript，该功能由 3D 公司 War Drum Studios 负责开发。设有前置摄像头，可通过 Google Talk 工具支持视频通话。

8. Android 3.1

2011 年 5 月 11 日在 Google I/O 开发者大会上宣布发布。新版本最大的改变是将 Android 手机系统与平板系统再次合并，从而方便开发者。支持基于 Android Market 电影租赁业务，可以通过自身的显示器或在更大的屏幕上进行观看。全面支持 Adobe Flash Player 10.2，提升网页 Flash 的显示性能。支持调整部件大小，方便用户进行自定义主屏幕。支持键盘、鼠标、游戏手柄、数码相机等 USB 外围设备和配件。支持蓝牙扩展功能，可以通过 Google Talk 进行视频通话。支持图片传输协议，支持多种 USB 设备直接导入数据到平板系统中，而无须电脑支持。

9. Android 3.2

2011 年 7 月 13 日谷歌发布了 Android 3.2 操作系统，Google 为 Android 3.2 增加了屏幕分辨率缩放兼容的新功能。Android 3.2 不会带来更多的新功能，只是 Bug 修复更新，让平板机运行更稳定。Android 3.2 也将会成为 Honeycomb 的最终版本。错误修复和硬件加速优化，新版本的 Movie Studio、Movies 和 Music，桌面小部件自由缩放，手机应用缩放兼容，SD 卡支持，7 英寸平板和高通处理器支持。

10. Android 4.0

2011 年 10 月 19 日谷歌与三星联手在中国香港举办发布会，公布有关 Android 4.0 系统信息。Android 4.0 系统具有全新 UI 设计界面、全新的通知栏、直观的文件夹与插件、新型 Android 浏览器、全新拍照模式等诸多亮点。从 Android 4.0 开始，Android 系统设备迎来了统一，Android 平板的窘迫现状将得到有效改善。Android 4.0 同时支持智能手机、平板电脑、电视等设备，采用屏幕虚拟按键，增加滑动的手势操作，可以在桌面上自由调整插件的大小。

11. Android 5.0

2014 年 10 月 16 日谷歌发布了 Android 5.0 操作系统，Google 为 Android 5.0 进行了全新 Material Design 的设计风格，Ok Google 语音指令，Face Unlock 面部解锁，全新的通知中心设计，Project Volta 电池续航改进计划，新设备将会自动启动加密功能，以防止设备上的数据被盗。同时 SELinux 将会强制对所有的应用进行安全漏洞和恶意软件的扫描。用户还可以用 Android Wear 设备对手机和平板电脑进行配对，使用 Android Wear 解锁手机和平板更加安全方便。

12. Android 6.0

2015 年 9 月 29 日谷歌发布了 Android 6.0 操作系统，Google 为 Android 6.0 改进了 App Permissions(软件权限管理)、Chrome Custom Tabs(网页体验提升)，新版的系统对 Chrome 的网页浏览体验进行了提升，它对登录网站、存储密码、自动补全资料、多线程浏览网页的安全性进行了一系列的优化，如 App Links(App 关联)、Android Pay(安卓支付)、Fingerprint Support(指纹支持)、Power & Change(电量管理)。

13. Android 7.0

2016 年 8 月 19 日谷歌正式发布了 Android 7.0 操作系统，Google 为 Android 7.0 开发了分屏多任务、全新下拉快捷开关页、通知消息快捷回复与通知消息归拢、夜间模式、流量保护模式、全新设置样式、改进的 Doze 休眠机制、系统级电话黑名单功能、菜单键快速应用切换。

14. Android 8.0

2017 年 8 月 22 日谷歌正式发布了 Android 8.0 操作系统，Google 为 Android 8.0 重点提升了电池续航能力、速度和安全，让用户更好地控制各种应用程序，加大了对 App 在后台操作的限制，界面主菜单的覆盖性更广，添加了安装限制功能，优化了画中画功能，加入了人工智能机制。

15. Android 9.0

2018 年 8 月 7 日谷歌正式发布了 Android 9.0 操作系统，Google 统一推送升级。Android 9.0 深度集成了 Project Treble 模式，更加封闭；支持原生通话录音，提升了 Wi-Fi 定位，加入了个性化自适应功能，加入了对刘海屏的支持，新增通知栏功能。

16. Android 10.0

2019 年 9 月 4 日谷歌正式发布了 Android 10.0 操作系统，Android 10.0 拥有通过手势导航手机的新方法，Android 9.0 Pie 的 Home 主屏幕“药丸”按钮和上下文后退按钮被屏幕底部中央的细白线所取代。黑暗主题、智能回复、隐私功能、模糊锁屏、共享列表、AOD 息屏显示等新功能均有，改进了自动旋转功能，增加了静默通知。

17. Android 11.0

2020 年 9 月 4 日谷歌正式发布了 Android 11.0 操作系统，Android 11.0 主要提升了聊天气泡、安全隐私、电源菜单功能，新增链接 API，并支持瀑布屏、折叠屏、双屏，增加屏幕录制内置工具，进一步限制一些应用滥用权限。

18. Android 12.0

2021 年 10 月 5 日谷歌正式发布了 Android 12.0 操作系统，Android 12.0 优化了触发问题，双击背面手势可以截取屏幕截图、召唤谷歌 Assistant、打开通知栏、控制媒体播放或打开最近的应用程序列表，简化了互动，重新设计了整个底层系统以减少对核心的使用，进一步提升了操作系统的安全性和隐私性。

1.1.2.2 Android 系统优势

1. 开放性

在优势方面，Android 平台首先就是其开放性，开发的平台允许任何移动终端厂商加入 Android 联盟中。显著的开放性可以使其拥有更多的开发者，随着用户和应用的日益丰富，一个崭新的平台也将很快走向成熟。

开放性对于 Android 的发展而言，有利于积累人气，这里的人气包括消费者和厂商，而对于消费者来说，最大的受益正是丰富的软件资源。开放的平台也会带来更大的竞争，如此一来，消费者将可以用更低的价位购得心仪的手机。

2. 挣脱束缚

在过去很长的一段时间，特别是在欧美地区，手机应用往往受到运营商制约，使用什么功能接入什么网络，极大地受到运营商的控制。自从 iPhone 上市，用户可以更加方便地连接网络，运营商的制约作用减弱了。随着 EDGE、HSDPA 等 2G 至 3G 移动网络的逐步过渡和提升，手机随意接入网络已不是运营商口中的笑谈。

3. 丰富的硬件

这一点还是与 Android 平台的开放性相关，由于 Android 的开放性，众多的厂商会推出千奇百怪、各具功能特色的多种产品。功能上的差异和特色，却不会影响数据的同步、软件的兼容。好比从诺基亚 Symbian 风格手机用苹果 iPhone，可将 Symbian 中优秀的软件带到 iPhone 上使用，联系人等资料更可以方便地转移。

4. 开发商

Android 平台提供给第三方开发商一个十分宽泛、自由的环境，因此不会受到各种条条框框的阻挠，可想而知，会有多少新颖别致的软件诞生。但也有其两面性，血腥、暴力、情色方面的程序和游戏如何控制正是留给 Android 的难题之一。

5. 无缝结合的 Google 应用

如今叱咤互联网的 Google 已经走过 10 年历史。从搜索巨人到全面的互联网渗透，Google 服务如地图、邮件、搜索等已经成为连接用户和互联网的重要纽带，而 Android 平台手机将无缝结合这些优秀的 Google 服务。

1.1.3 Android 的系统架构

一个优越稳定的平台背后必有一个成熟的系统架构所支撑，Android 的系统架构与其操作系统一样，采用了分层的架构。Android 分为 5 个层，从高层到低层分别是系统应用层、应用框架层、系统运行库层、硬件抽象层和 Linux 内核层。通过图 1-1 可以从整体上有个大致的了解。

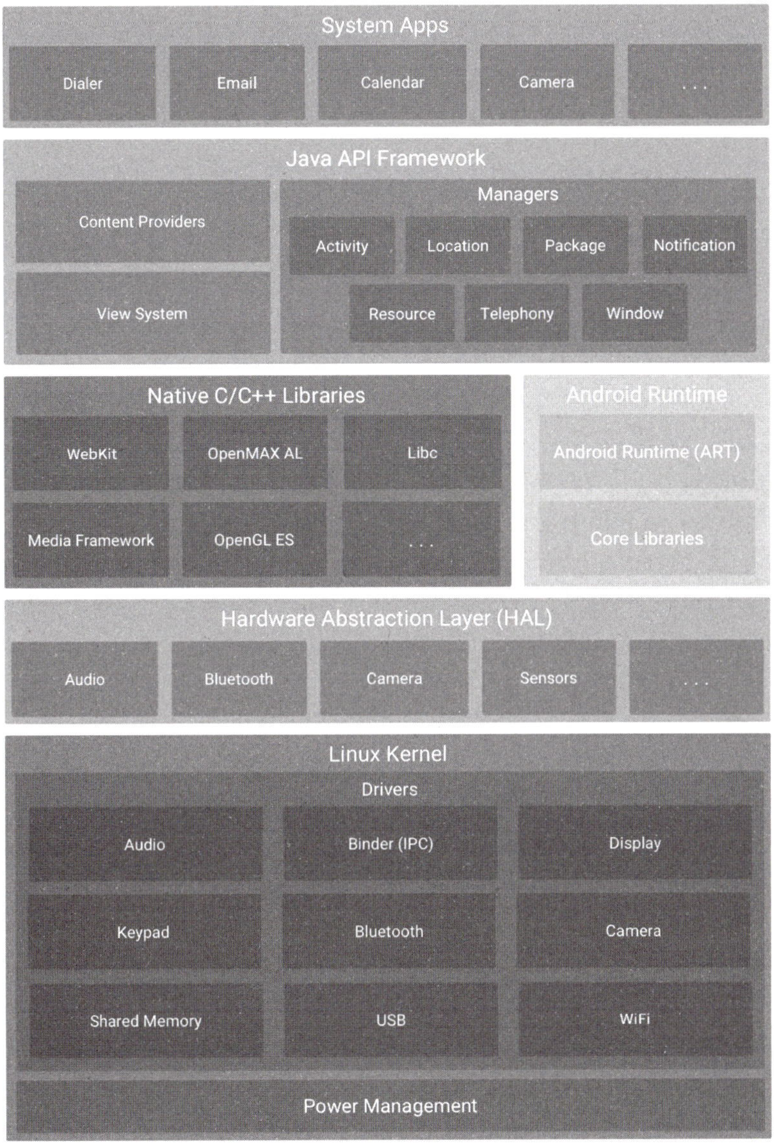

图 1-1　系统架构

1.1.3.1　应用层（System Apps）

Android 随附一套用于电子邮件、短信、日历、互联网浏览和联系人等核心应用。平台随附的应用与用户选择安装的应用一样，没有特殊的状态。因此，第三方应用可成为用户的默认网络浏览器、短信 Messenger 甚至默认键盘（也有一些例外，例如系统的“设置”应用）。

系统内置的应用程序以及非系统级别的应用程序都属于应用层，负责与用户进行直接交互，通常都是用 Java 进行开发的。系统应用可作为用户的应用，开发者也可以在自己的应用中访问其中的功能。例如，如果我们的应用要发送短信，我们无须构建该功能，直接就可以调用已经安装的短信应用向指定的接收者发送消息。

1.1.3.2 应用框架层（Java API Framework）

应用框架层是为开发人员提供了开发应用程序所需要的 API， 我们平时开发应用程序都是调用这一层所提供的 API，当然也包括系统应用。这一层是由 Java 代码编写的，可以称为 Java Framework。 这些 API 是创建 Android 应用所需的构建块，它们可以简化核心、模块化系统组件和服务的重复使用，包括以下组件和服务：

- 丰富、可扩展的视图系统，可用于构建应用的 UI，包括列表、网格、文本框、按钮甚至可嵌入网络浏览器。
- 资源管理器，用于访问非代码资源，例如本地化的字符串、图形和布局文件。
- 通知管理器：可让所有应用在状态栏中显示自定义提醒。
- Activity 管理器：用于管理应用的生命周期，提供常见的导航返回栈。
- 内容提供程序：可让应用访问其他应用（如，“联系人”应用）中的数据或者共享自己的数据。

1.1.3.3 系统运行库层

从图 1-1 中可以看出，系统运行库层可以分成两部分：Libraries（系统库）和 Android Runtime（Android 运行时），分别介绍如下。

1. 系统库

系统库是应用程序框架的支撑，是连接应用程序框架层与 Linux 内核层的重要纽带，主要包括：

Surface Manager：执行多个应用程序时，负责管理显示与存取操作间的互动，以及 2D 绘图和 3D 绘图进行显示合成。

Media Framework：多媒体库，基于 PacketVideo OpenCore；支持多种常用的音频、视频格式录制和回放，编码格式包括 MPEG4、MP3、H.264、AAC、ARM。

SQLite：小型的关系型数据库引擎。

OpenGL | ES：根据 OpenGL ES 1.0API 标准实现的 3D 绘图函数库。

FreeType：提供点阵字与向量字的描绘与显示。

WebKit：一套网页浏览器的软件引擎。

SGL：底层的 2D 图形渲染引擎。

SSL：在 Android 上通信过程中实现握手。

Libc：从 BSD 继承来的标准 C 系统函数库，专门为基于 Embedded Linux 的设备定制。

2. Android 运行

Android 应用程序采用 Java 语言编写，程序在 Android 运行时执行，其运行时分为核心库和 Dalvik 虚拟机两部分。

核心库：提供了 Java 语言 API 中的大多数功能，同时也包含了 Android 的一些核心 API，如 android.os、android.net、android.media 等。

Dalvik 虚拟机：Android 程序不同于 J2ME 程序，每个 Android 应用程序都有一个专有进程，并且不是多个程序运行在一个虚拟机中，而是每个 Android 程序都有一个 Dalvik 虚拟机的实例，并在该实例中执行。Dalvik 虚拟机是一种基于寄存器的 Java 虚拟机，而不是传统基于栈的虚拟机，具有内存资源使用的优化以及支持多个虚拟机的特点。需要注意的是，不同于 J2ME，Android 程序在虚拟机中执行的并非编译后的字节码，而是通过转换工具 dx 将 Java 字节码转换成 dex 格式的中间码。

1.1.3.4 硬件抽象层（HAL）

HAL（Hardware Abstract Layer）硬件抽象层，是 Google 开发的 Android 系统上层应用对底层硬件操作屏蔽的一个层次结构，简单来说就是，上层应用不需要关心底层硬件是如何工作的，只需要调用底层提供的统一接口即可。

其实，Android 系统完全可以没有 HAL 层，访问硬件可以通过调用 Linux 内核的标准函数来实现，但是，如何访问 Linux 内核就涉及了技术专利和商业机密，厂商不想公开源代码，只愿提供二进制代码。而 Linux 内核采用了 GPL 协议，任何人都可以获取或者修改其源代码，因此 Google 在 Android 系统架构中增加了一个 HAL 层，不想公开的代码可以放在这个位置。

另外，HAL 提供标准界面，向更高级别的 Java API 框架显示设备硬件功能。HAL 包含多个库模块，其中每个模块都为特定类型的硬件组件实现一个界面，例如，相机或蓝牙模块。当框架 API 要求访问设备硬件时，Android 系统将为该硬件组件加载库模块。

1.1.3.5 Linux 内核层

Android 是基于 Linux 2.6 内核，其核心系统服务如安全性、内存管理、进程管理、网络协议以及驱动模型都依赖于 Linux 内核。在对 Android 系统架构有一个大致的了解后，我们也离 Android 的开发之旅更进一步了。

1.2 Android 开发 IDE 介绍

在很长的一段时间里，Google 都是将 Eclipse（见图 1-2）作为 Android 开发的综合性 IDE，因为开发一个专业的 IDE 是一件浩大的工程。

作为一个全能型的开发 IDE，Eclipse 绝对算得上是经典中的经典，不过对于 Android 开发者来说，Eclipse 也有不少美中不足的地方，比如内存占用高、经常崩溃、开发界面不美观，等等。不过更重要的是，Android 是作为一个插件的形式存在于 Eclipse 中，随着 Android 的日益强大，Eclipse 越来越不能满足其需求，由此，Google 在 2013 年的 I/O 大会上发布了 Android Studio。不过那时候的 Android Studio 只相当于一款给开发者的玩具，功能还很不完善，bug 也很多，Google 正在不遗余力地完善。在 2014 年的 I/O 大会上重新亮相的 Android Studio，给开发者带来了不小的惊喜（见图 1-3）。

图 1-2　Eclipse

图 1-3　Android Studio

1.2.1 Android Studio 初体验

说到我们为什么要用 Android Studio 取代 Eclipse 来作为 Android 的开发工具，就不得不说这次 Android 在 2014 年底的重大更新 Android Lollipop 了。Android 5X 不仅作为手机移动端操作系统，而且还融合了车载、可穿戴设备、TV 等各方面的系统。因此，Google 需要有一个载体推广其各项服务，Android Studio 在开发者的层面上，整合了它的云服务、Go 语言，是给 Android Studio 最大的礼物。不过对于国内的 Android 开发者来说，它是一个不错的 IDE，可以使 UI 设计更加即时，代码提示更加丰富，Lint 更加智能等，比 Eclipse 更加专业。相比 Eclipse，Android Studio 是专业的 Android 开发，而 Eclipse 是全能型，论广度自然是 Eclipse 更胜一筹，但专业性 Eclipse 就望尘莫及了。

大家可以从 GitHub 上了解最近上传的项目，基本上已经看不见 Eclipse 工程的影子了，清一色的 Gradle 项目，Android Studio 在国外已经非常普遍了，这也是我们使用 Android Studio 的一个原因。GitHub 上国外的开发者都在使用，如果你想紧跟 Android 的技术前沿，你就必须用 Android Studio。

1.2.2 Android studio 配置

本书使用的 Android Studio 版本为 Google 在 2021 年 5 月 13 日发布的 4.2.1 稳定版。Android Studio 官网的下载地址为：https://redirector.gvt1.com/edgedl/android/studio/install/4.2.1.0/android-studio-ide-202.7351085-windows.exe。

下载完 Android Studio 之后，进行安装。其安装过程与一般软件安装没有什么区别，运行 Android Studio，启动界面如图 1-4 所示。

图 1-4 启动界面

（1）进入 Android Studio 之后，会跳出如图 1-5 所示界面，选择第二个选项。

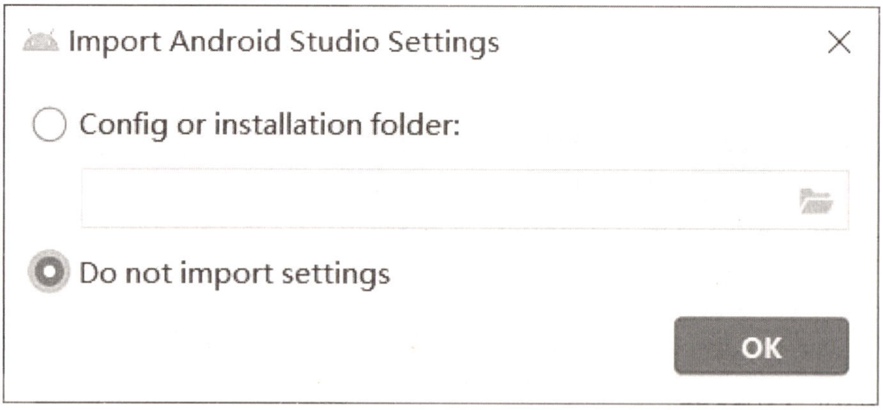

图 1-5　导入 Android Studio 配置对话框

（2）点击 OK 之后，会弹出如图 1-6 中的对话框，这是因为 Android Studio 启动之后，会检查默认路径下的 Android SDK 是否存在，如果没有，就会报如图 1-6 所示的错误。

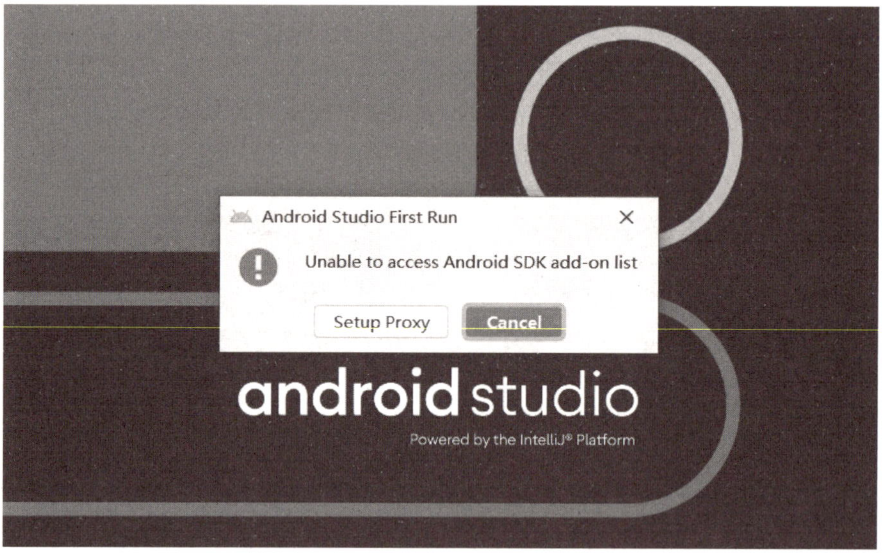

图 1-6　无法访问 Android SDK 扩展列表

（3）此处点击 Cancel 跳过，就会弹出如图 1-7 所示的对话框，然后点击 Next 进行下一步操作。

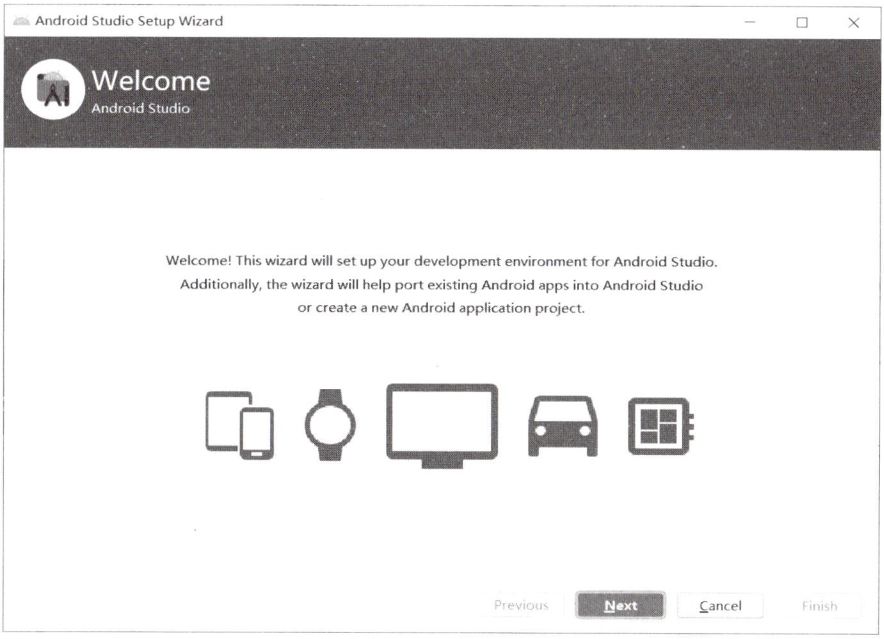

图 1-7　安装导向

（4）此处我们选择如图 1-8 所示界面第二个选项 Custom，因为第二个选项可以自由选择 Android SDK 的安装下载路径。

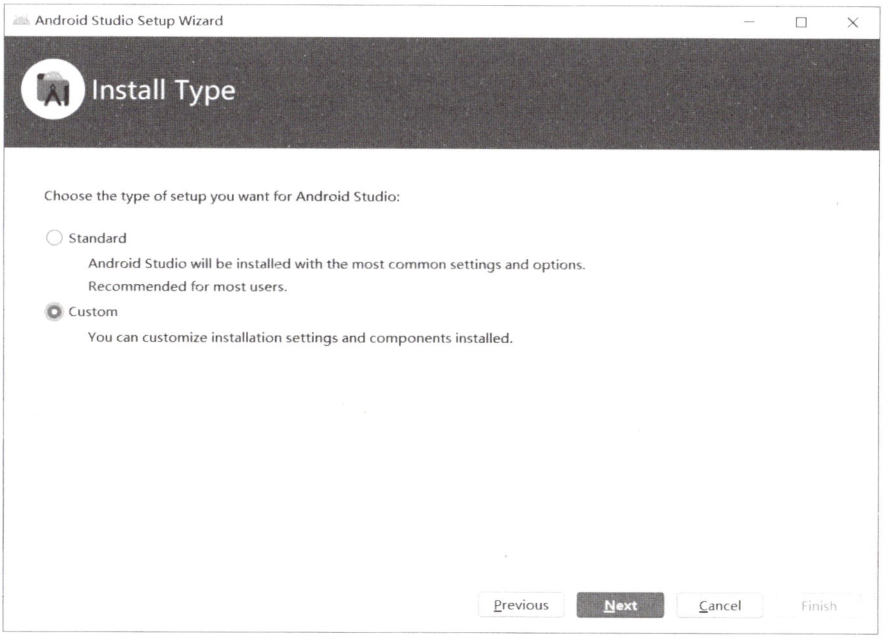

图 1-8　选择安装类型对话框

（5）图 1-9 为选择 Android Studio 默认的 Java JDK，第一个为其软件自己集成的 JDK ，直接点击 Next 进行下一步操作即可，或者电脑中已安装 Java JDK 也是可以选择使用的；这里选择好之后，点击 Next 进行下一步操作。

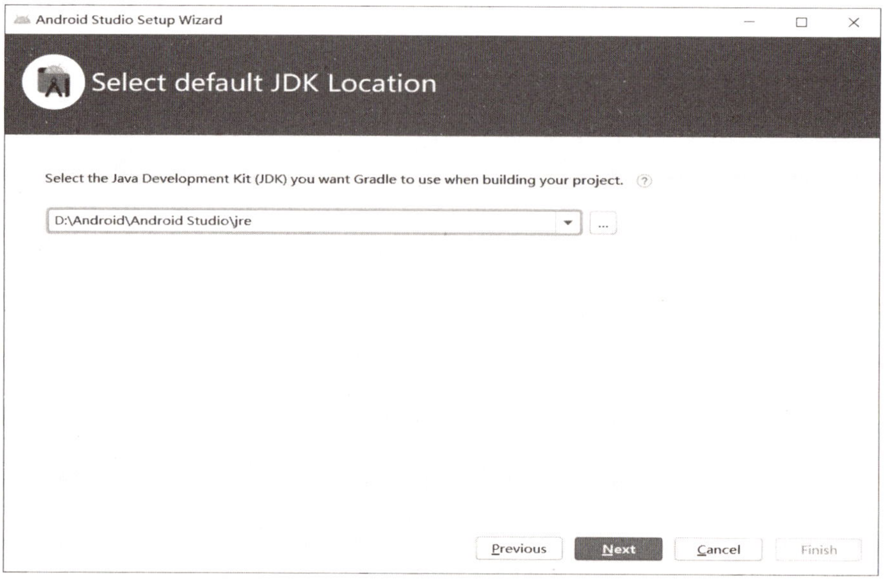

图 1-9　Java JDK 选择界面

（6）图 1-10 中，UI 主题根据个人喜好来选择，初学者建议选择白色，选好后点击 Next 进行下一步操作即可。

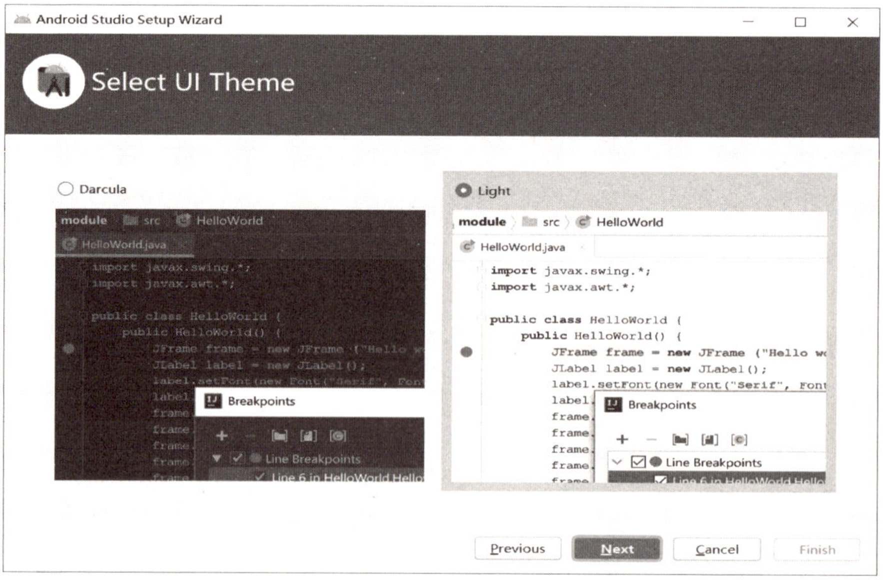

图 1-10　选择用户界面主题

（7）图 1-11 为安装 SDK 的界面，这里全部选择，然后选择安装 SDK 的位置，推荐将 SDK 与软件放在同一文件夹下面，确认好之后，就点击 Next 进行下一步操作。

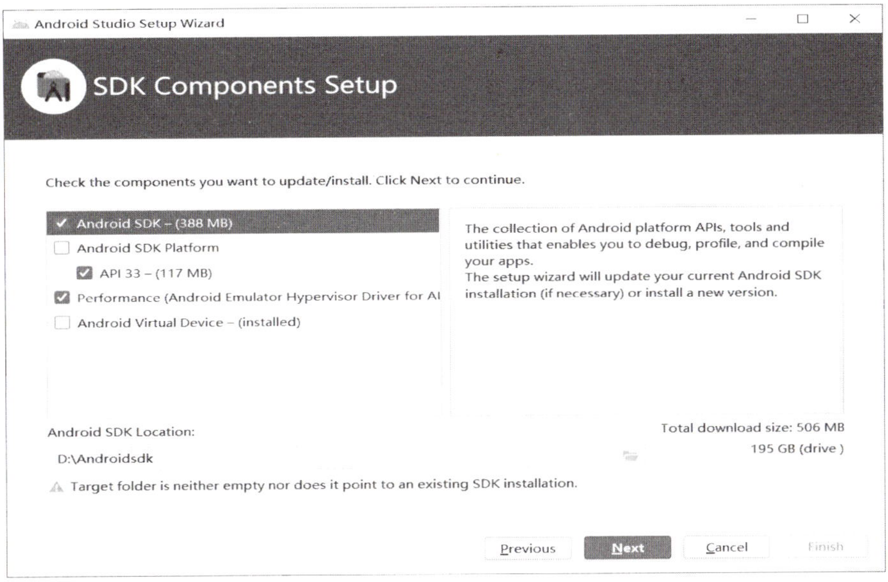

图 1-11　Android SDK 安装

（8）如图 1-12 所示，到这里我们对于 Android Studio 的配置就大功告成了，点击 Finish 即可启动 Android Studio。

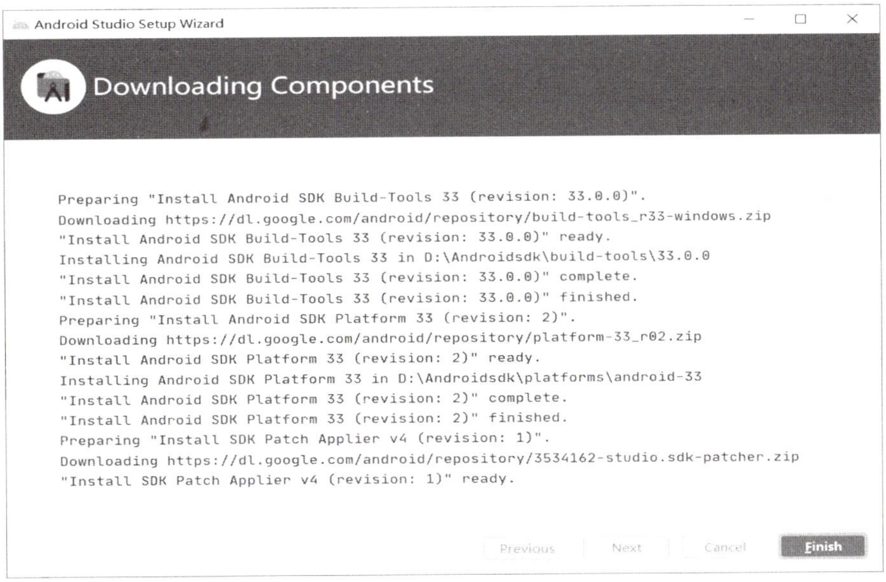

图 1-12　SDK 安装成功

1.2.3 创建第一个项目、工程

启动成功之后的界面如图 1-13 所示，我们可以自己创建工程项目，也可以导入和直接打开已有的工程项目。

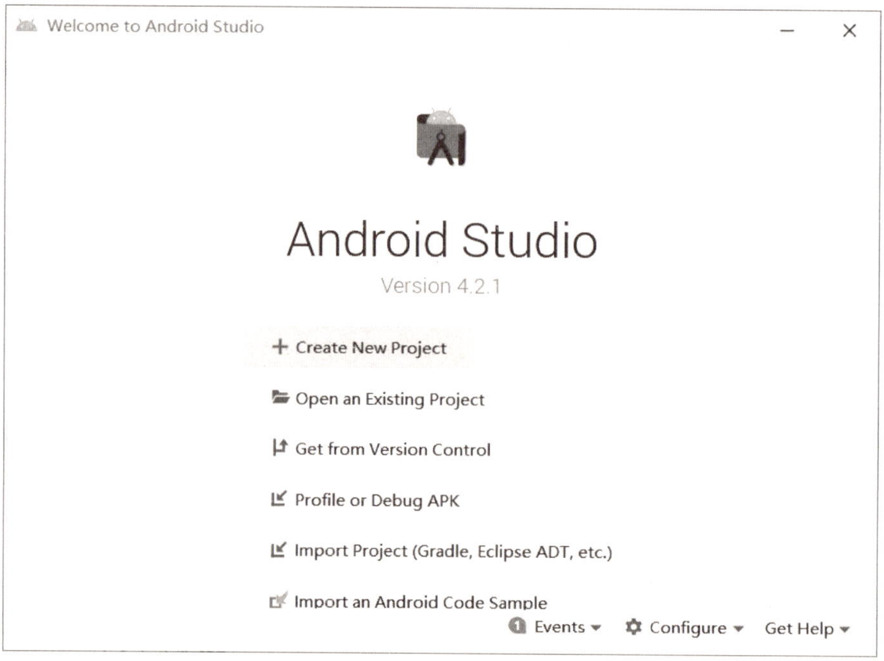

图 1-13 启动界面

1.2.4 创建工程项目

（1）点击 图 1-13 中的 Create New Project 选项。

（2）这里我们选择模板。如图 1-14 所示，左边对应的是各种电子设备，右边是某种电子设备的模板。这里我们选择 Phone and Tablet（手机和平板电脑）对应的第四个模板 Empty Activity（空活动），确认好之后点击 Next 进行下一步操作。

（3）图 1-15 是进行工程项目的最后选择，确认之后点击 Finish 即可，从上到下翻译成中文分别为：①工程项目名；②工程项目包名；③工程项目存放位置，可自由更改；④工程项目使用的语言，此处选择 Java；⑤工程项目支持最低 SDK 版本。

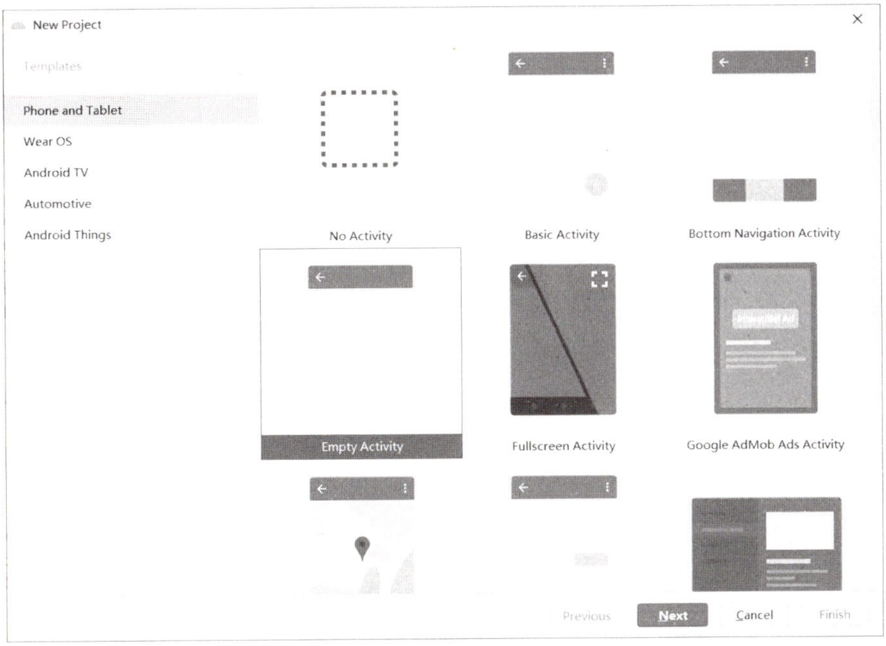

图 1-14　模板选择界面

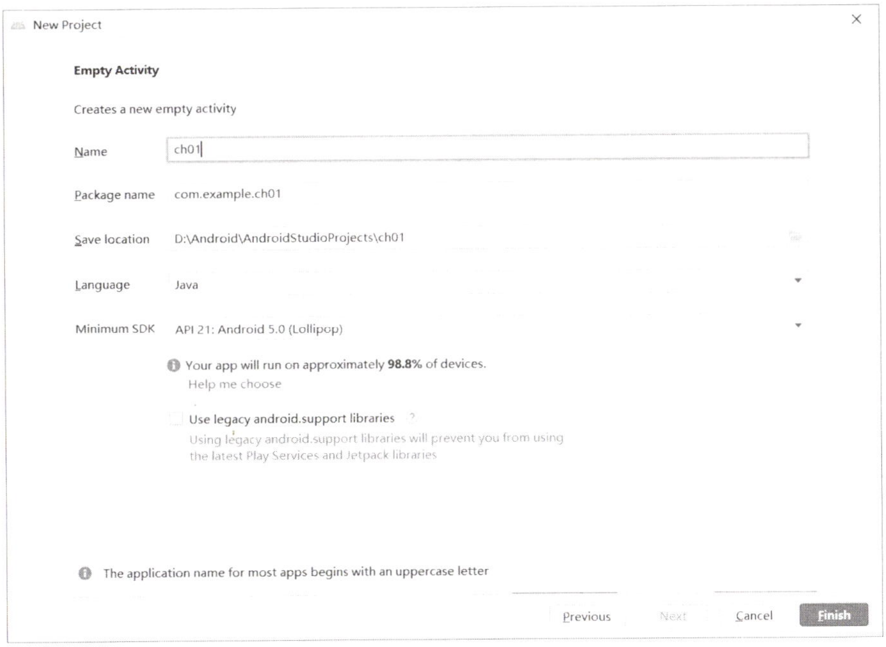

图 1-15　工程信息

（4）等待第一个工程项目的生成，需要一点时间，如图 1-16 所示。

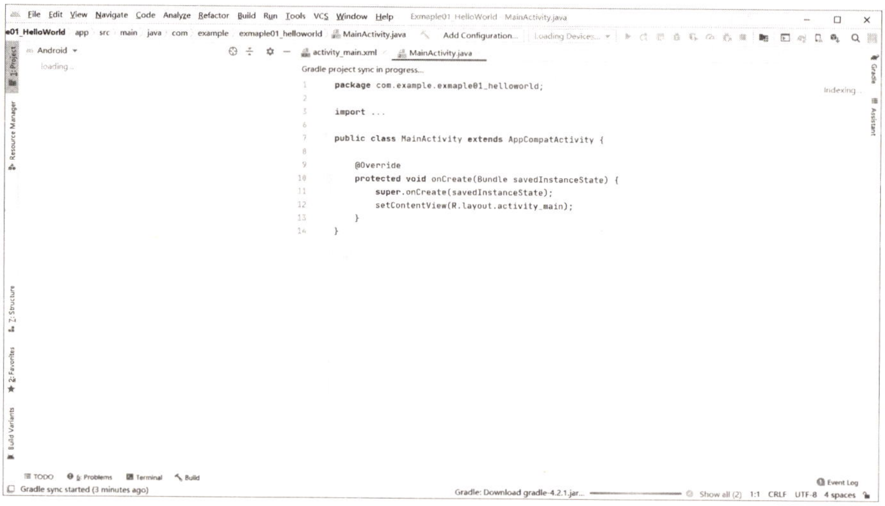

图 1-16　工程生成界面

（5）编译工程，如图 1-17 所示。

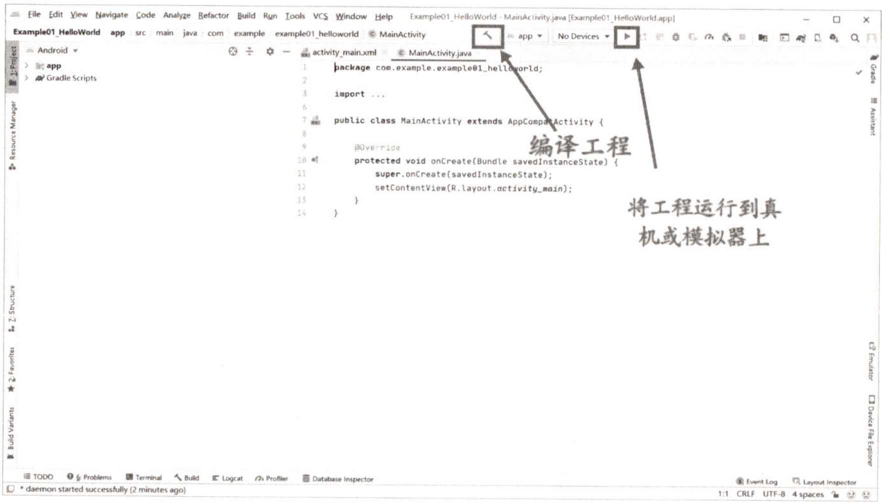

图 1-17　编译工程

编译成功后界面如图 1-18 所示。

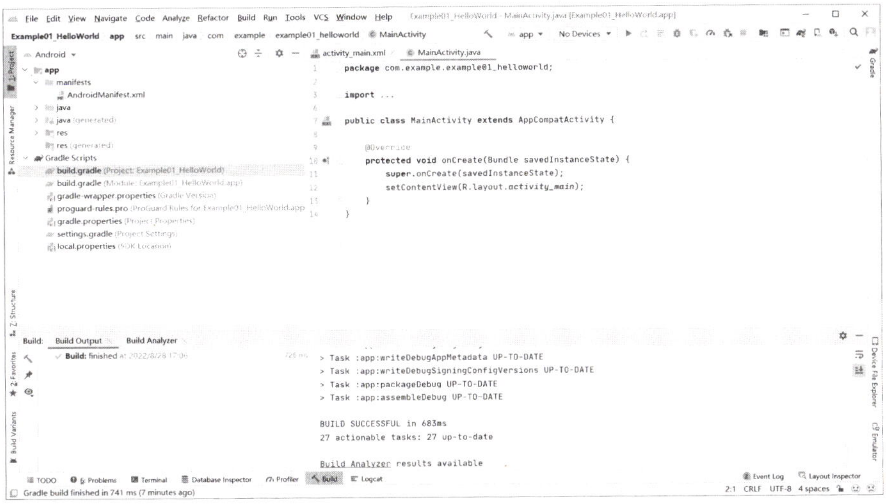

图 1-18　编译成功

（6）将工程运行到真机或者模拟器（不太推荐大家使用模拟器，推荐使用真机调试，因为模拟器用久了会有问题，真机基本上就会很好）。

①运行到真机，如图 1-19 所示。

图 1-19　真机运行

②运行到模拟器。

a. 模拟器下载。点击如图 1-20 标记处按钮进入下载界面。

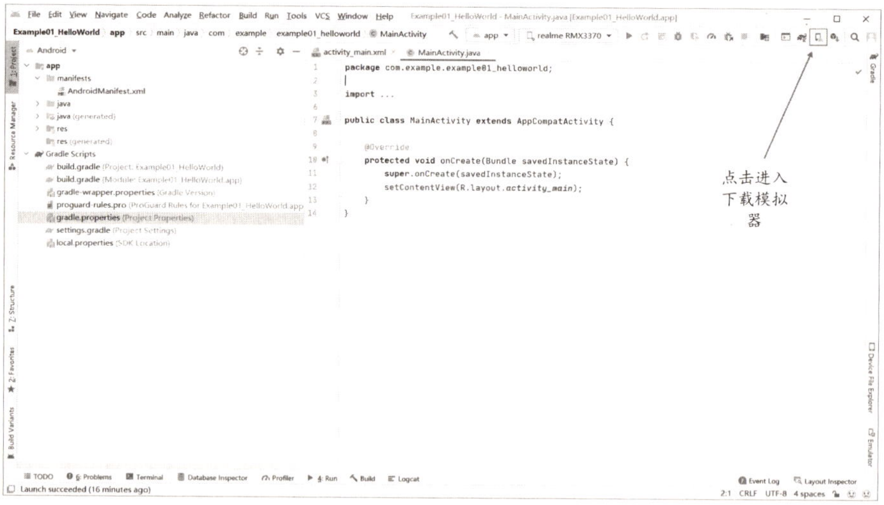

图 1-20　模拟器入口

点击如图 1-21 所示中间的按钮。选择模拟器的机型，可自由选择，选好后点击 Next 进行下一步操作，如图 1-22 所示。

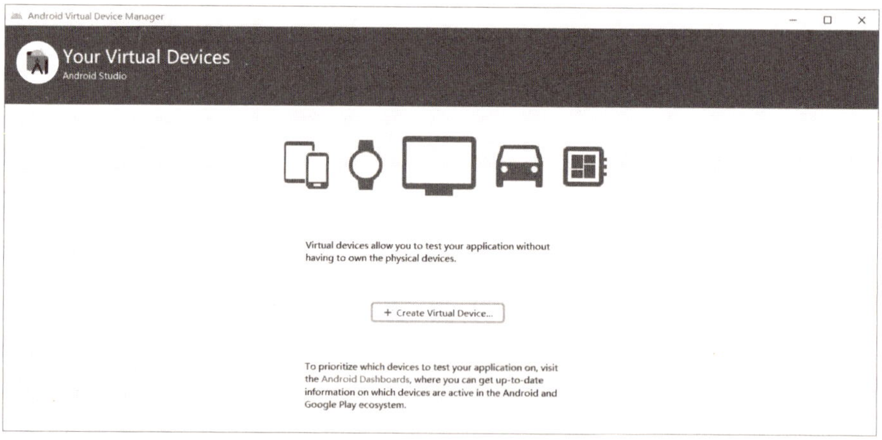

图 1-21　模拟器创建

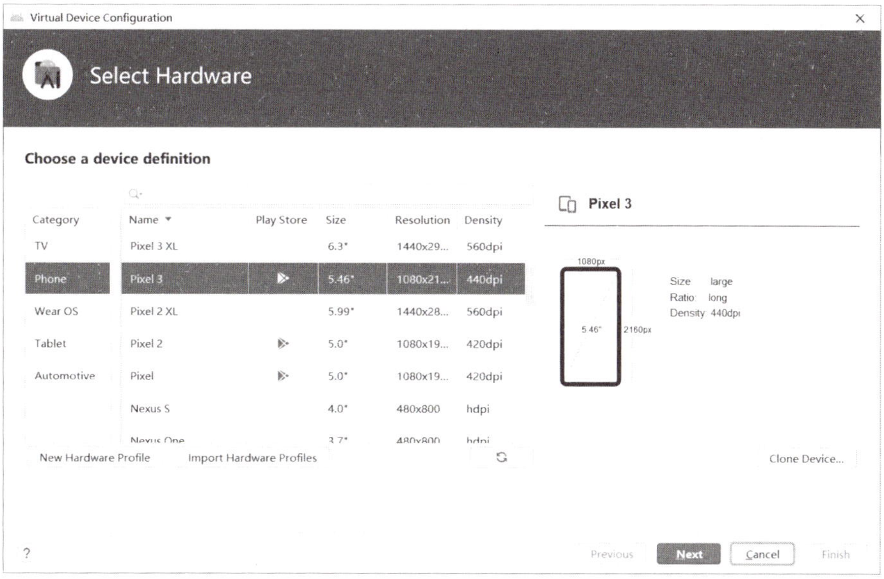

图 1-22　机型选择

下载安卓系统镜像，随便选一个就行，如图 1-23 所示。

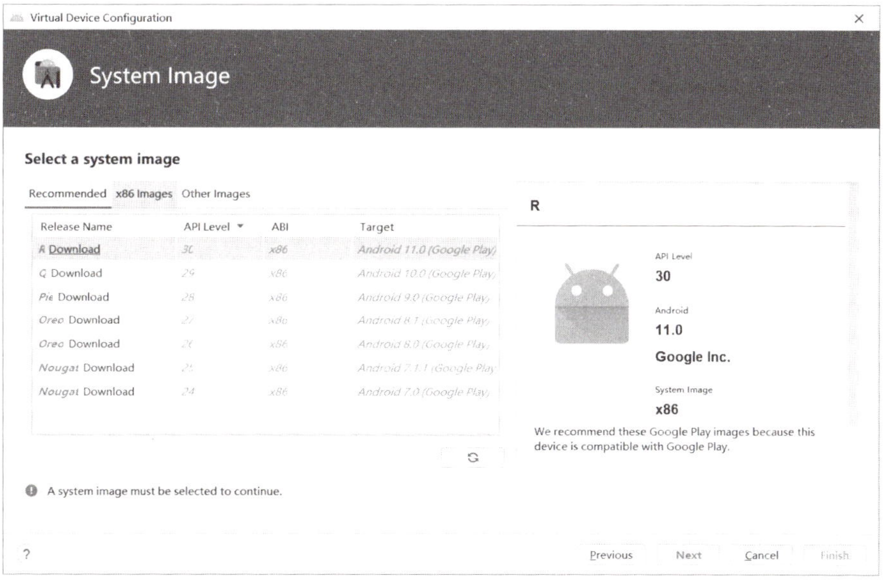

图 1-23　系统镜像选择

下载完成后选中下好的镜像，点击 Next 后直接点 Finish。

b. 运行。回到主界面后选择刚刚创建好的模拟器，点击运行，如图 1-19 所示。

1.3 Android Studio 高级使用技巧

如果把 Android Studio 比喻成一把枪，那么 SDK 开发工具就是一颗颗必不可缺的子弹。首先来看看如何获取最新的 SDK 开发工具。

1.3.1 更新 SDK

首先，点击 Android Studio 工具栏上的 SDK Manager 图标，如图 1-24 所示，打开 SDK Manager。

图 1-24 SDK Manager

打开 SDK Manager 后，如果看见一连串的 Connection refuse 提示，则需要在 SDK Manager 的菜单栏中选择 Tools、Options 选项，打开的界面如图 1-25 所示。

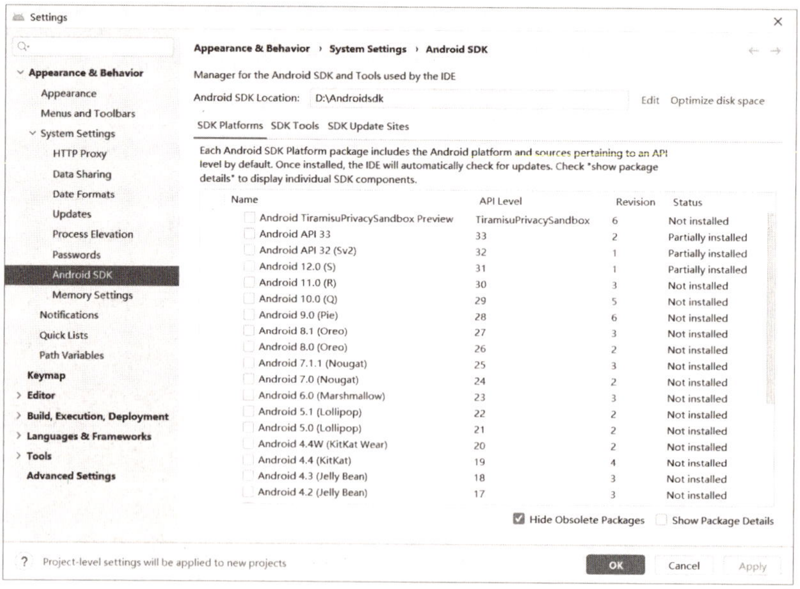

图 1-25 Update SDK

1.3.2　Android Studio 常用界面

下面介绍 Android Studio 经常会用到的一些界面。

图 1-26 展示的是 Android Studio 的调试、运行窗口，右边显示 LOG 信息，左边显示进程信息，相比 Eclipse 经常打不出 LOG 的调试界面来说，这已经足够高大上了。在这里还能方便地进行截图、录制屏幕等操作。

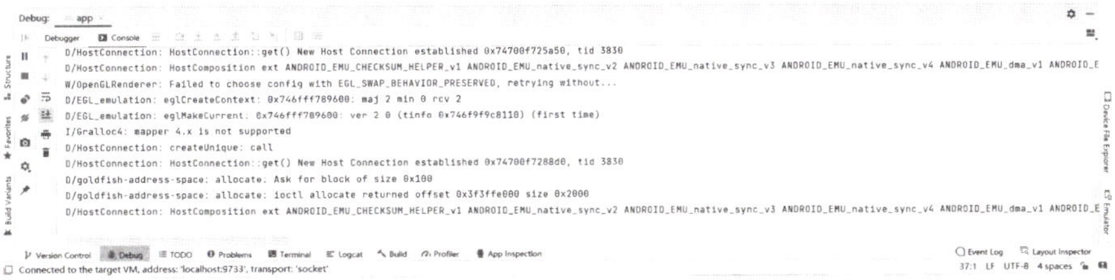

图 1-26　Android Studio Debug 窗口

图 1-27 展示的是 Android Studio 的 build.gradle 组件界面，在这里可以快速地添加一些第三方开发的好用的组件以达到更好的效果，并且添加操作十分简单。

图 1-27　组件加载

1.3.3　导入 Android Studio 工程

再来看看如何把一个 Android Studio 项目导入 Android Studio 中。造成这一困惑的一个根本原因就是 Android Studio 使用的编译工具 Gradle 的问题。由于在 Android Studio Beta 版本中 Gradle 还不是成熟的稳定版，所以经常会有版本更新。如果某个项目使用的是 Gradle1.5 进行编译，而本地又没有该版本的 Gradle 时，经常导致 Android Studio 卡死。为了解决这个问题，我们可以按以下方法操作。

首先，在本地用当前版本的 Gradle 创建一个正常的项目，保证编译通过即可。然后，用本地项目中的“Gradle”文件，去替换要导入项目中的这两个文件夹，如图 1-28 所示。接下来，再打开这个项目，就可以使用本地的 Gradle 对项目进行编译了。

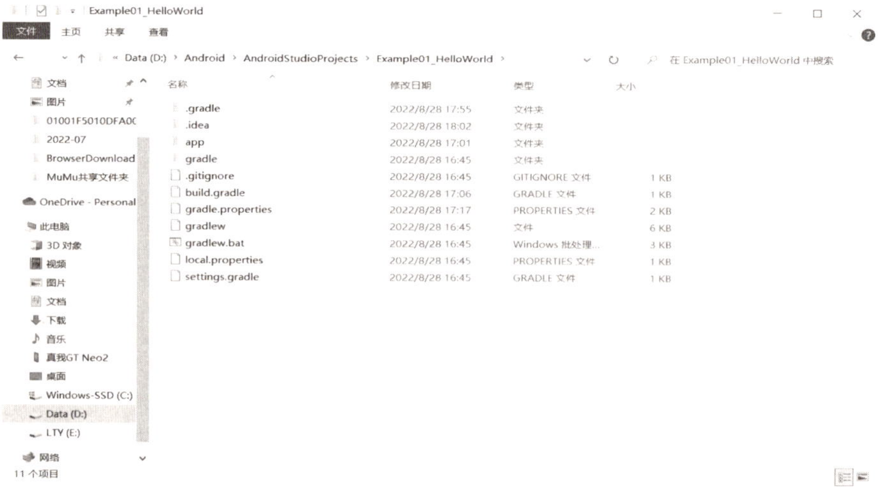

图 1-28　替换文件夹

关于 Android　Studio 的基本使用，就介绍到这儿。相信机智的读者一定能发现更多优秀的功能，这一切都为了一个目的——让开发变得更美好！

1.4　模拟器的使用与配置

开发 Android 应用程序的时候，大多会使用 Android 真机和模拟器混合来进行调试。在 Android 刚开发出来的前几年，Android 手机还没有这么流行，那时候，模拟器就好比一道曙光，让没有 Android 设备的人也能学习、开发 Android 应用程序。虽然现在 Android 设备已经相当普遍了，但模拟器有时候还是挺有用的。Android 官方的模拟器经过多年的更新优化，已经非常好用，而且 Google 针对 AMD 处理器进行了更新，使得搭载 AMD 处理器的电脑也能够使用 Android 官方的模拟器。但是还存在一些 AMD 的用户无法使用官方模拟器，这个时候我们就可以使用第三方的模拟器——Genymotion。

首先，访问网址 https://dl.genymotion.com/releases/genymotion-3.2.1/genymotion-3.2.1-vbox.exe 直接进行下载并安装模拟器。虽然 Genymotion 有收费版，但是一般的开发者使用免费版就已经可以满足绝大部分的开发需求了。安装过程中唯一需要注意的是 Genymotion 是依赖 VirtualBox 的，所以它的安装程序中也集成了 VirtualBox，安装的时候会一起安装。完成安装之后，启动并登录 Genymotion。

这里介绍如何在 Android Studio 中使用 Genymotion，如图 1-29 所示，点击 File，选中 Settings，再选择如图 1-30 所示左边的 Plugins，在搜索框中搜索 Genymotion，点击 Install 即可。

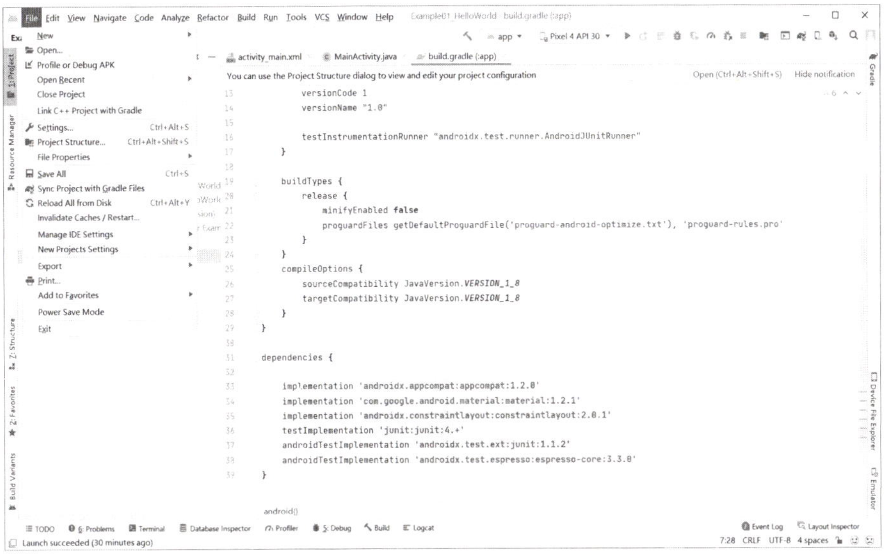

图 1-29　Settings

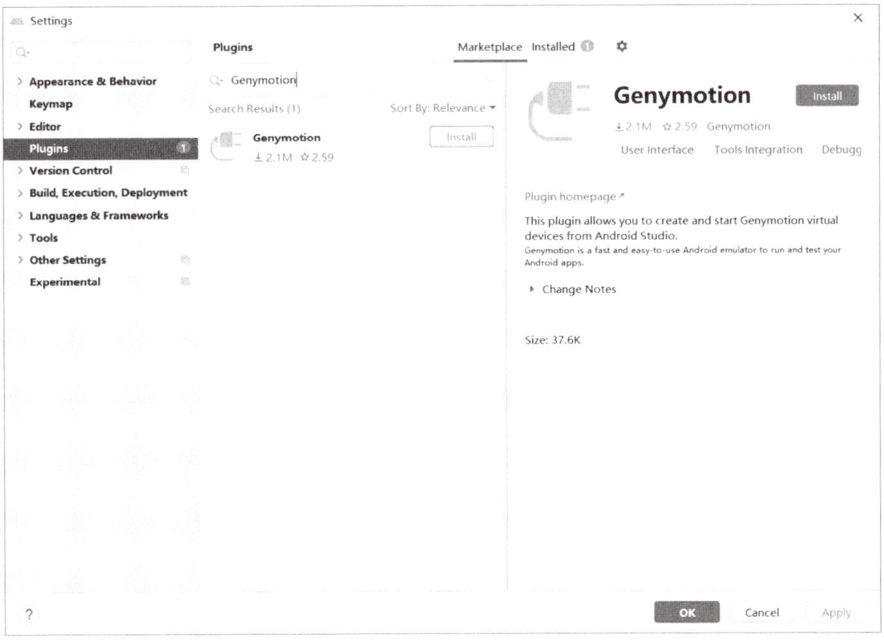

图 1-30　Genymotion 驱动安装

安装完毕后在 Android Studio 的工具栏上就可以看到 Genymotion 插件的图标，如图 1-31 所示。

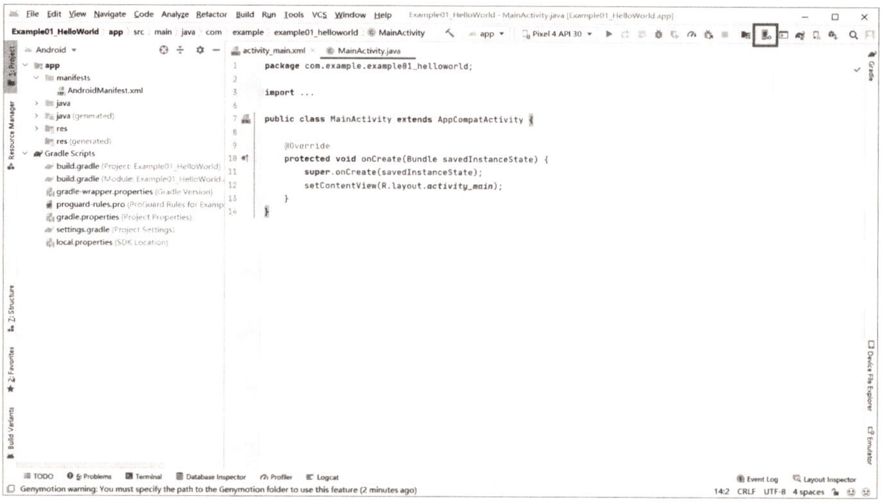

图 1-31 Genymotion 插件

点击之后在如图 1-32 所示的框里选择 Genymotion 的安装位置，然后就可以使用了。

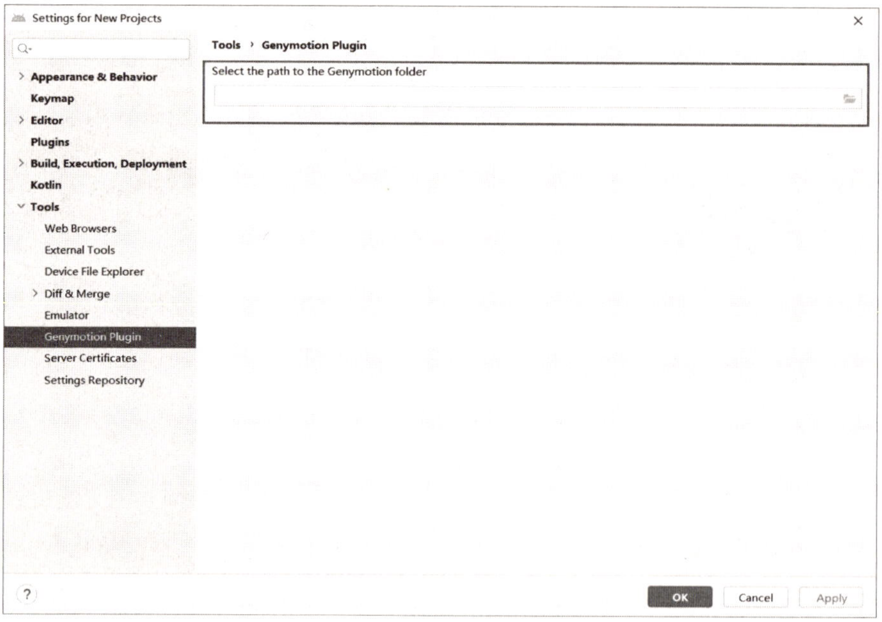

图 1-32 Genymotion 位置添加

不过模拟器虽好，但是真正的开发还是建议使用真机进行，毕竟模拟器再快，也不如真机用得舒心。

项目 2 Android App 控件架构

2.1 Android 控件架构

Android 中的每个控件都会在界面中占用一块矩形的区域，而在 Android 中，控件大致被分为两类，即 ViewGroup 控件与 View 控件。ViewGroup 控件作为父控件可以包含多个 View 控件，并管理其包含的 View 控件。通过 ViewGroup，整个界面上的控件形成了一个树形结构，也就是我们常说的控件树，上层控件负责下层子控件的测量与绘制，并传递交互事件。通常在 Activity 中使用的 findViewById ( ) 方法，就是在控件树中以树的深度优先遍历来查找对应元素。在每棵控件树的顶部，都有一个 ViewParent 对象，这就是整棵控件树的控制核心，所有的交互管理事件都由它来统一调度和分配，从而可以对整个视图进行整体控制。图 2-1 展示了一个 View 视图树。

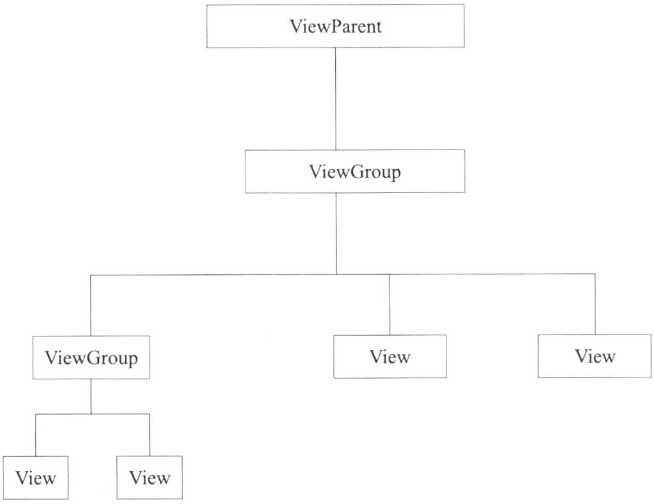

图 2-1　View 视图树结构

通常情况下，在 Activity 中使用 setContentView ( ) 方法来设置一个布局，在调用该方法后，布局内容才真正地显示出来。那么 setContentView ( ) 方法具体做了些什么呢？首先，我们来看 Android 界面的架构图，如图 2-2 所示。

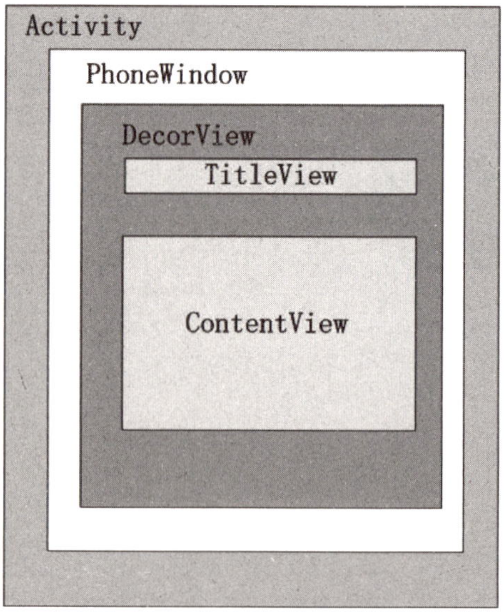

图 2-2　UI 界面构架图

如图 2-2 所示，每个 Activity 都包含一个 Window 对象，在 Android 中 Window 对象通常由 PhoneWindow 来实现。PhoneWindow 将一个 DecorView 设置为整个应用窗口的根 View。DecorView 作为窗口界面的顶层视图，封装了一些窗口操作的通用方法。可以说，DecorView 将显示的具体内容呈现在了 PhoneWindow 上，这里面的所有 View 的监听事件，都通过 WindowsManagerService 来进行接收，并通过 Activity 对象来回调相应的 onClickListener。在显示上，它将屏幕分成两部分，一个是 TitleView，另一个是 ContentView。看到这里，大家一定看见了一个非常熟悉的布局——ContentView。它是一个 ID 为 content 的 FrameLayout，activity_main.xml 就是设置在这样一个 FrameLayout 里。通过以上过程，我们可以建立一个标准视图树，如图 2-3 所示。

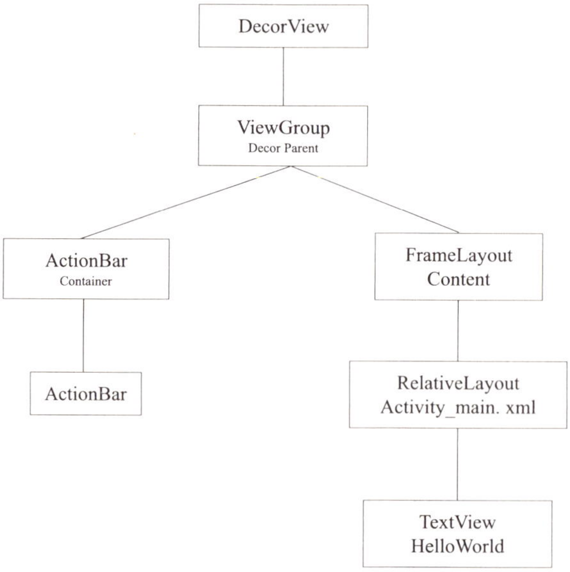

图 2-3　标准视图树

图 2-3 所示的视图树的第二层装载了一个 LinearLayout，作为 ViewGroup，该层的布局结构会根据对应的参数进行设置，如最常用的布局——上面显示 TitleBar，下面显示 Content，也就是图 2-3 中所设置的布局。而如果用户通过设置 requestWindowFeature（Window.FEATURE_NO_TITLE）来设置全屏显示，视图树中的布局就只有 Content 了，这就解释了为什么调用 requestWindowFeature（）方法一定要在调用 setContentView（）方法之前才能生效。不过要注意的是，由于每个 Android 版本对 UI 的修改都比较多，图 2-3 只是比较粗略地显示了视图树的结构。

而在代码中，当程序在 onCreate（）方法中调用 setContentView（）方法后，ActivityManagerService 会回调 onResume（）方法，此时系统才会把整个 DecorView 添加到 PhoneWindow 中，并让其显示出来，从而最终完成界面的绘制。

2.2 View 与 ViewGroup（Layout）：组件与布局

Android 的屏幕显示画面是以 View 和 ViewGroup 两种类为基础架构出来的树状系统。View 类为具体可见的视觉组件，在其内不能再置入其他的组件；而 ViewGroup 类则是不可见的容器组件，用来设置其容器内的 View 和 ViewGroup 组件的排列规则，如图 2-4 所示。要注意的是 ViewGroup 除了可以放入 View 组件，也可以放入其他的 ViewGroup 容器组件，因为可通过层层的容器，以树状结构构建出丰富的用户界面。

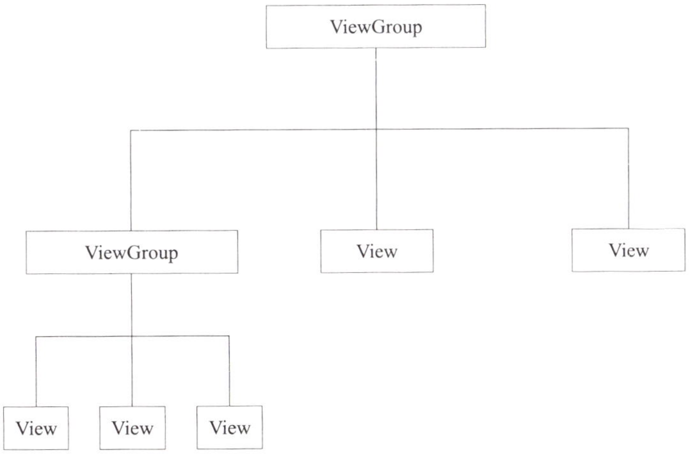

图 2-4 组件布局

之前使用过的 TextView、Button、EditText 等视觉组件都属于 View 类，而 ViewGroup 类则主要包含各种版面的布局（Layout），如图 2-5 所示。

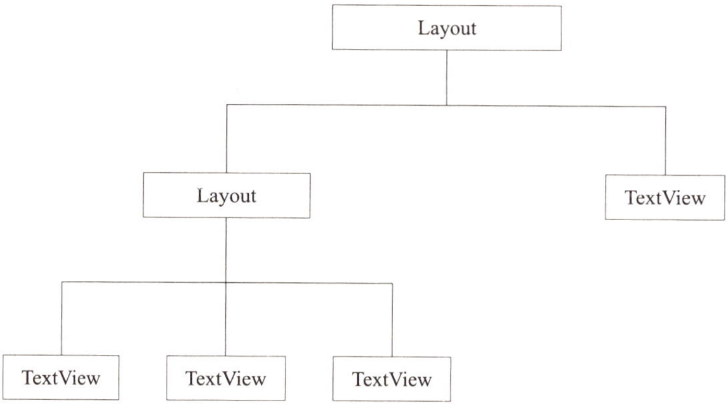

图 2-5　版面布局

2.2.1　View 组件的属性与设置

各种属性字段的设置各有不同之处，例如：直接填入数值 123 或“字符串”，但也可以填入资源的引用位置“@string/ 字符串名称”或“@mipmap/ 图像文件名称”。这些属性的设置，除了在 Attributes 窗格中填入，也可以在编辑区以 Android 规定的 XML 语言来编写。如果你想学习如何使用这些 XML 设置，可以在填完属性字段之后，单击编辑区下方的 Text 标签以切换到文本编辑模式观察对比其内容，这将有助于用户对 Android XML 的理解。

如果要查看特定组件的 XML 编码，也可在组件上单击鼠标右键再单击“Go To Declaration or usages”选项，即可快速切换到 Text 模式并标示出对应的 XML 编码，例如 Hello World！组件（见图 2-6）。

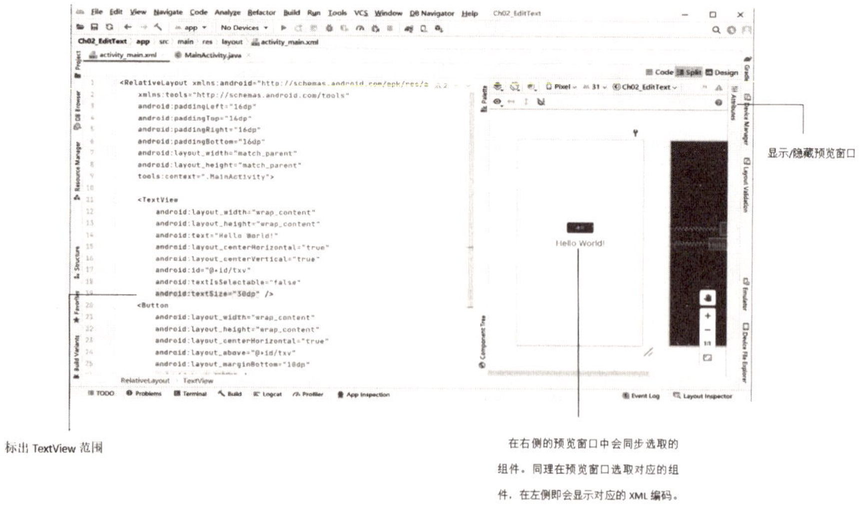

图 2-6　属性设置

如果是在组件属性中填入字符串引用的名称（如 @string/hello_world），那么可打开 res/values 中的 strings.xml 文件，利用 XML 编辑器来创建或修改字符串资源，如图 2-7 所示。

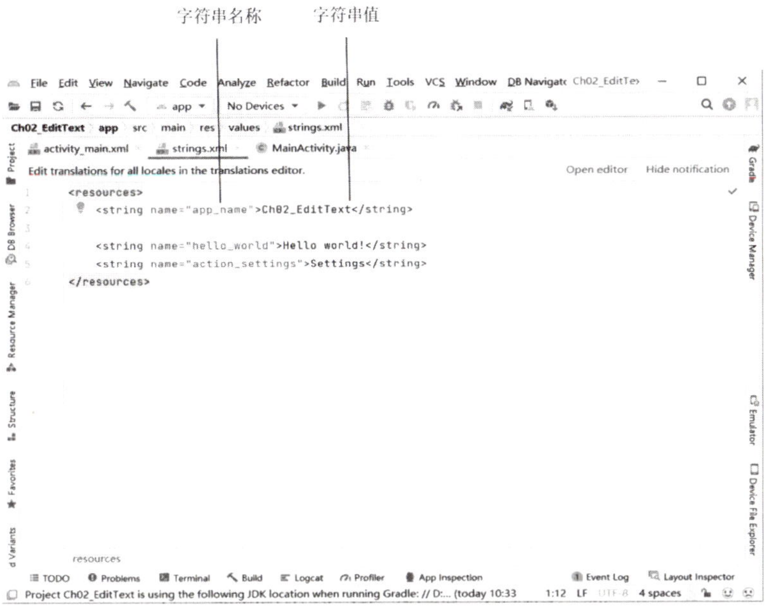

图 2-7　strings 资源类

另外，也可以直接单击在属性栏右侧的 Open editor 按钮，以打开 Resources 对话框来选取、查看或新增资源。

细谈 id 属性

每个 View 组件的属性字段中都有 id 字段，可见其重要性。id 字段是用来为 View 组件命名的，其格式为“@id+/ 组件名称”。请注意：每个 View 组件在程序执行时都会转化为一个 Java 对象，所以等于是在为一个 Java 对象命名。命名之后用户就可以在 Java 程序中以 findViewById（）方法获取“R.id. 组件名称”的对象［注：“R.id. 组件名称”是嵌套（Nested）的类定义，id 是定义在 R 类内的类，而“组件名称”是定义在 id 类中的常数］。

除此之外，也会在组件中引用其他组件的名称，例如在 button 组件的属性字段，为了对齐组件位置而需要填入某个名为“txv”的 TextView 组件时，字段内就会填入“@id/txv”。

再仔细来看，“@+id/ 名称 ××”的意思是说“如果”在 R.Java 文件内的 id 类中找不到“名称 ××”这个常数，那就为此名称创建一个新的 id（定义新常数，用来代表此组件）；若“名称 ××”已存在，那就直接用它，不用在 R.java 的 id 类中再创建新的名称了。所以，名为 txv 的 TextView 若已命名，那么 button 引用它时，写成 @+id/txv 或 @id/txv 都可以。

2.2.2　画面布局

常用的 Layout 包含如下三种：

- RelativeLayout（相对布局）：以组件与组件之间的相对关系来安排布局。
- LinearLayout（线性布局）：从上到下或从左到右按序摆放组件的布局方式，见图 2-8。

图 2-8　水平与垂直布局

- TabLayout（表格布局）：是以表格方式将各个组件放置在指定单元格的布局方式，见图 2-9。

图 2-9　表格布局

上述这些屏幕上常用的组件和布局，Android Studio 都已经准备好了，用户只要把它们拉进图形化布局编辑器放好位置并设置属性就可以使用了，完全不用花时间动手设计，如图 2-10 所示。

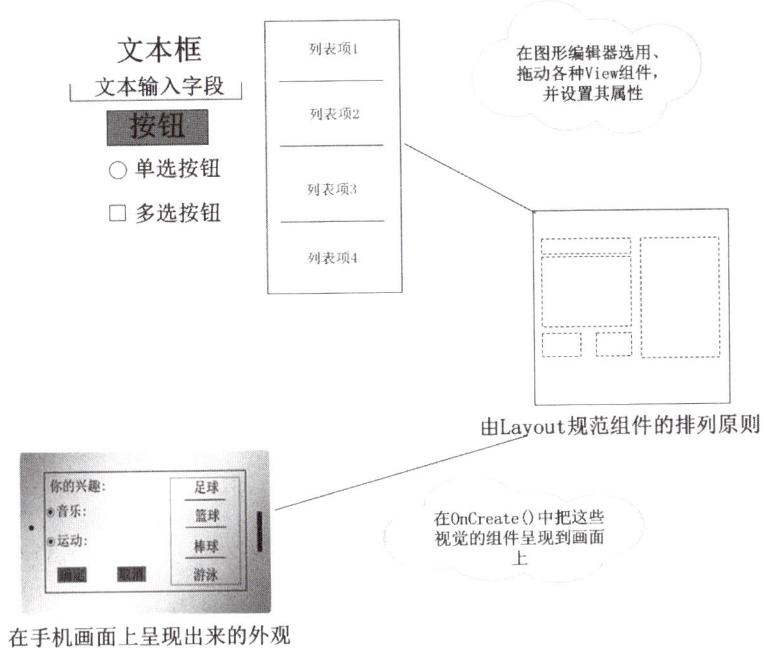

图 2-10　拖拉布局

2.3　使用 LinearLayout 建立画面布局

项目默认使用的 RelativeLayout，是以“相对”（Relative）位置来设置其内部各项组件的位置的。不过，当 RelativeLayout 布局中包含较多组件时，在布局编辑器中很容易因为拖动某一个组件的位置、修改其大小或修改其属性等操作，而使各组件引用的相对关系消失或发生变动，最终导致组件位置大乱。

除 RelativeLayout 外，Android 中还有其他的布局方式，对初学阶段而言，建议使用较为直白的 LinearLayout。

LinearLayout: 按序排列组件。

LinearLayout 的特点就是“Linear(线性的)”，亦即所有加到布局中的组件，都会“按序直线排列”。而其直线排列的方向又可分为以下两种：

- LinearLayout（Horizontal）：将其内部的组件按水平方向，从左到右直线排列。
- LinearLayout（Vertical）：将其内部的组件按垂直方向，从上到下直线排列。

水平与垂直布局样式见图 2-11。

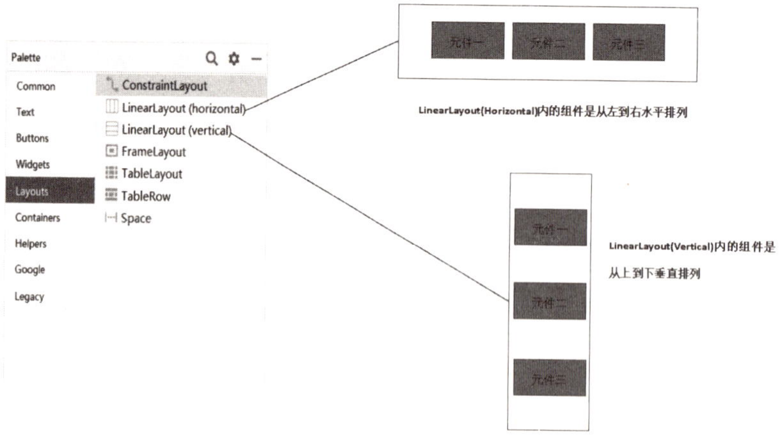

图 2-11　水平与垂直布局样式

LinearLayout（Horizontal）和 LinearLayout（Vertical）其实是同一个组件，前者的 orientation（方向）属性值为 horizontal 或不设置（留白），后者的 orientation（方向）属性值为 Vertical。

在 Android 布局中，Layout 本身也可以当成是一个组件放到另一个 Layout 中。例如，使用 LinearLayout 时，通常会将“垂直”的 LinearLayout 当作画面的主结构，然后加入多个“水平”的 LinearLayout 成为一行从上到下的 Layout 版面，最后再于水平的 LinearLayout 加入所需的组件，如图 2-12、图 2-13 所示。

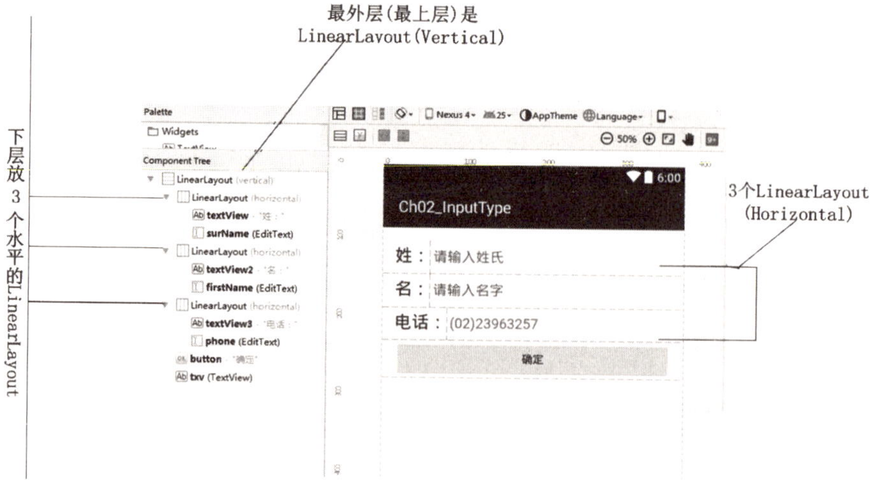

图 2-12　组件布局样式

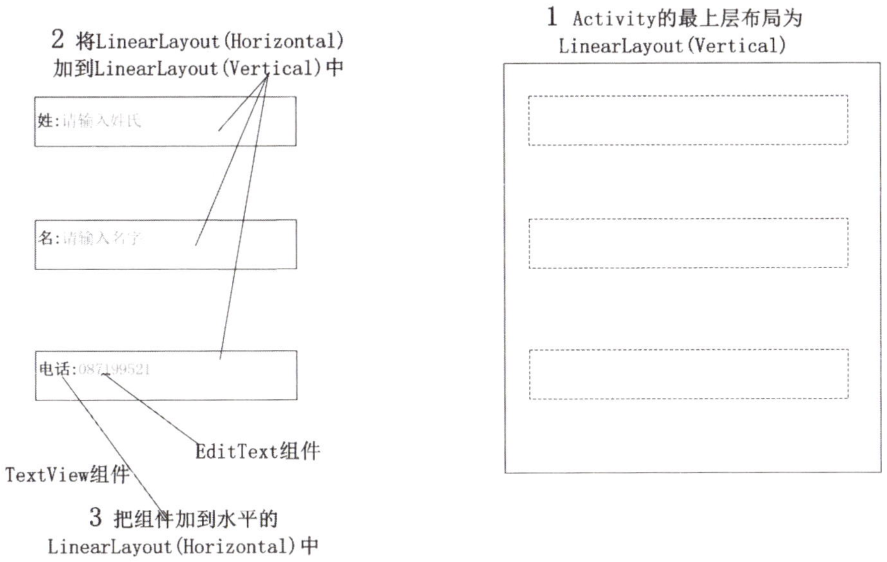

图 2-13　样式设置

2.3.1　范例：在布局中使用 LinearLayout

步骤 1　请创建新项目“Dome_2_1”。由于默认是使用 RelativeLayout，可用如图 2-14 中所示方式将 RelativeLayout 换成 LinearLayout（Vertical）。

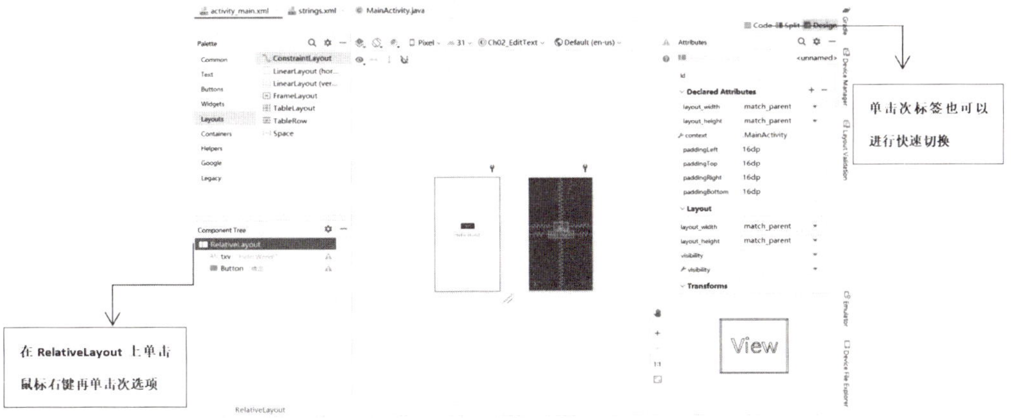

图 2-14　XML 与设计模式切换

步骤 2　在代码模式，用鼠标双击“RelativeLayout”呈选中状态，更换为“LinearLayout”，XML 布局设置见图 2-15、属性窗口见图 2-16。

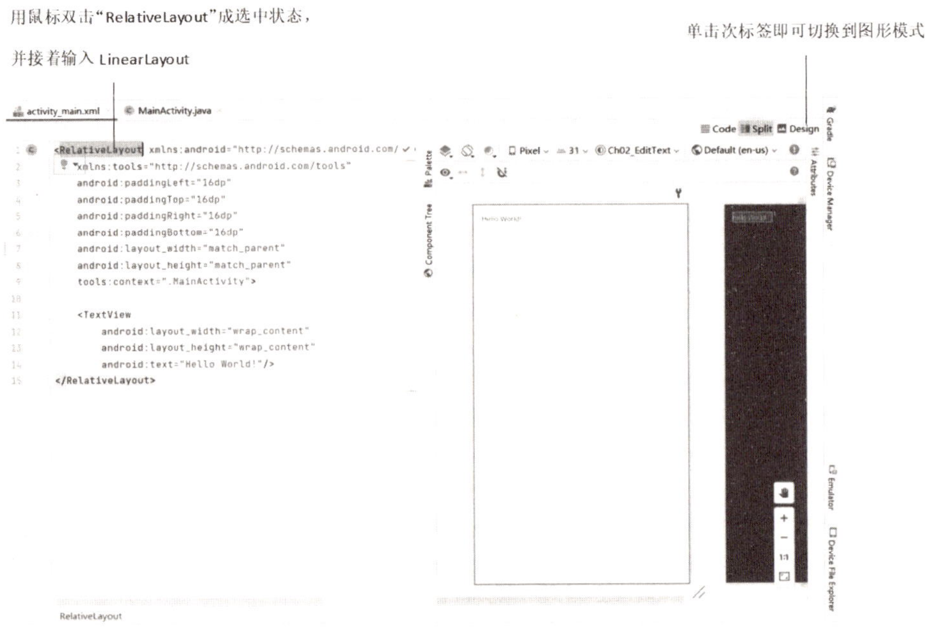

图 2-15　XML 布局设置

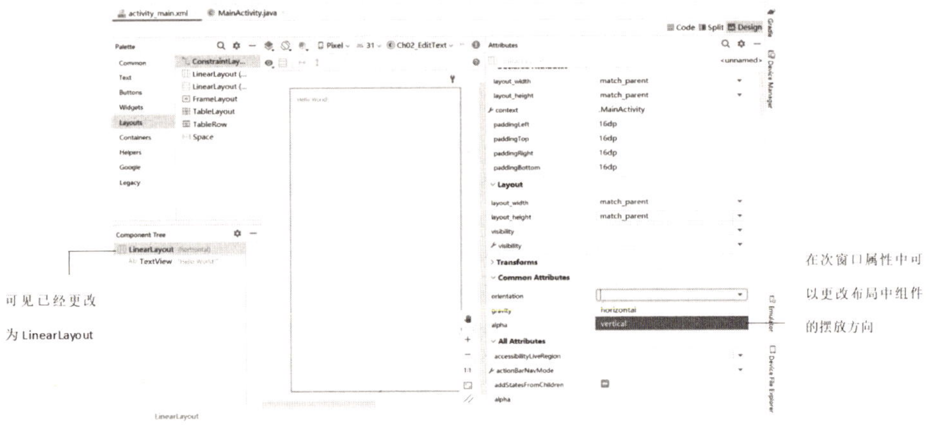

图 2-16　属性窗口

2.3.2　范例：使用 LinearLayout（Horizontal）创建窗体

步骤 1　在创建好如图 2-17 所示工程之后，可先删除多余的 TextView 控件，然后加入所需的控件，如图 2-18 所示。

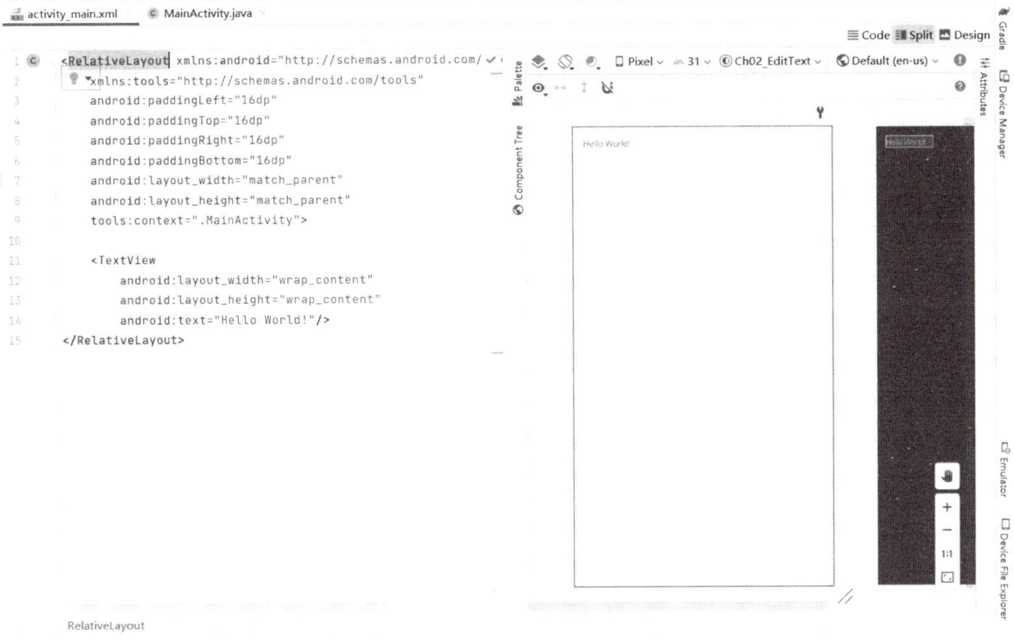

图 2-17　新工程窗体

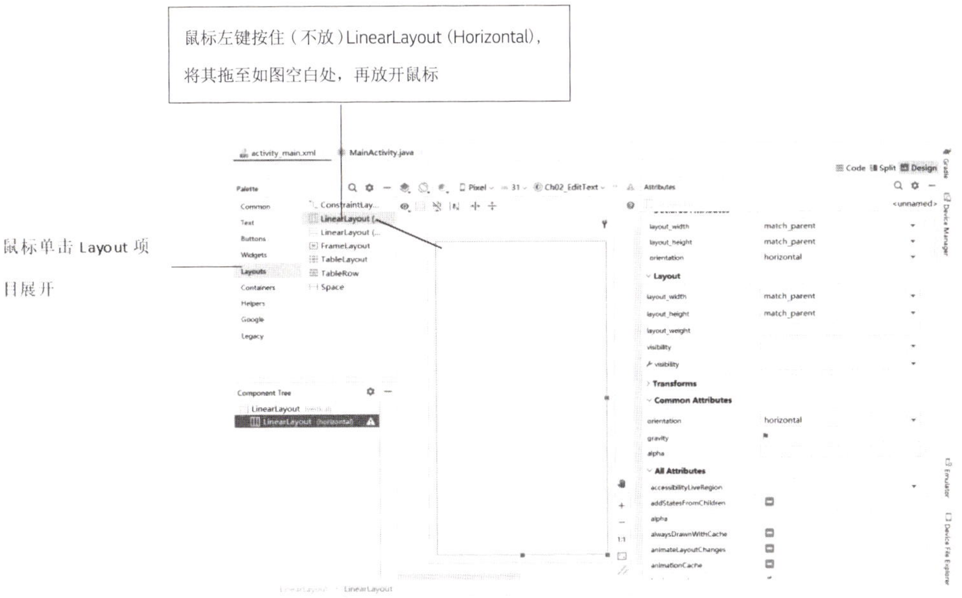

图 2-18　添加所需控件

width 和 height 属性

属性窗口中有宽和高两种属性，在此分别作出解释。

第一种：match_parent，其属性会将用户添加的控件填满屏幕，比如，如果将控件的高设置为match_parent，则控件的高就会填满整个屏幕，而后期加入的控件都无法可见，见图 2-19。

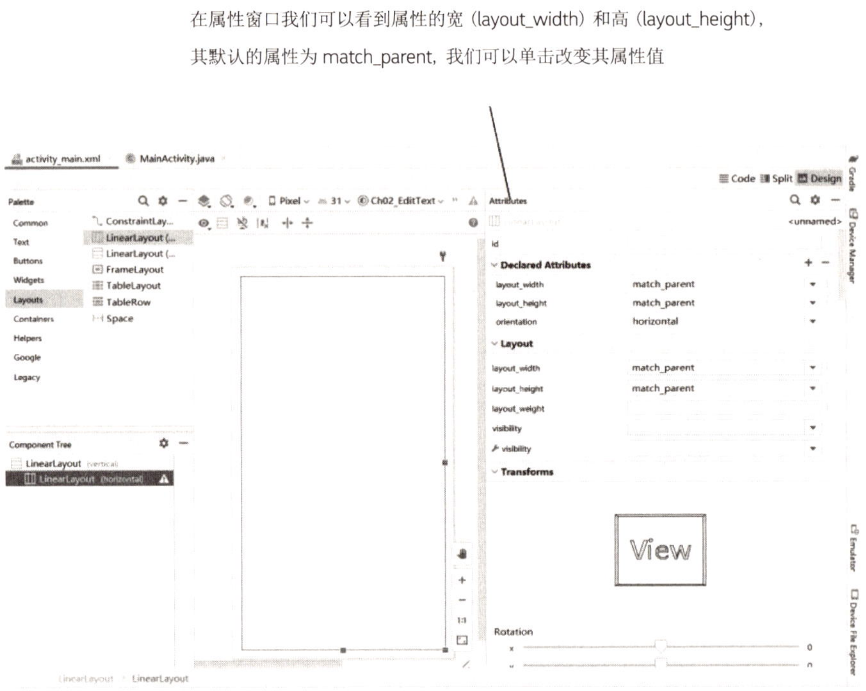

图 2-19　快速修改属性

第二种：wrap_content，其属性会根据控件来自动恒定大小，比如，我们将一个 Button 控件的宽和高属性都设置为 wrap_content，并把 Text 内容大小设置为 15 sp，那么 Button 控件的实际大小就是 15 dp（这里所提及的 sp 和 dp 是 Android 中的大小和单位，初学者可先简单记住，Text 内容大小用 sp 来表示，控件大小以及控件的位置用 dp 表示）。

步骤 2　接着加入一个 TextView 控件，并设置 text 属性，见图 2-20。

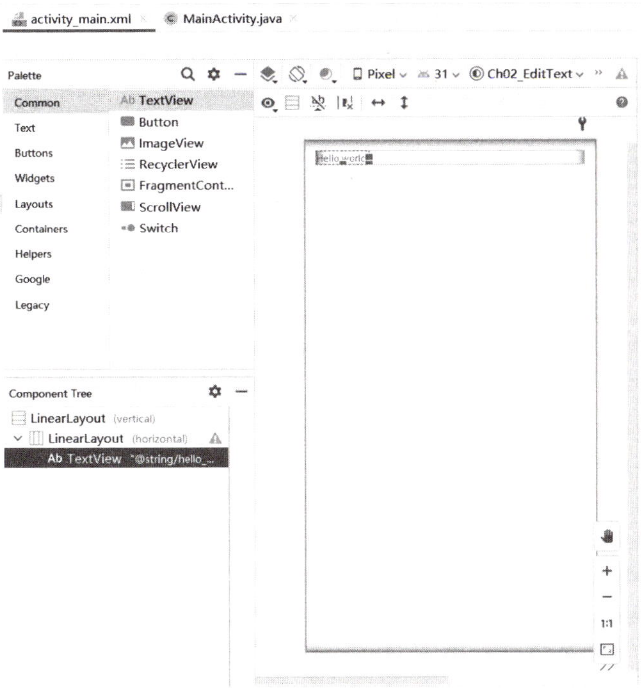

图 2-20　设置控件属性

快速设置常用属性

直接在预览区中双击组件来快速设置属性，见图 2-21。

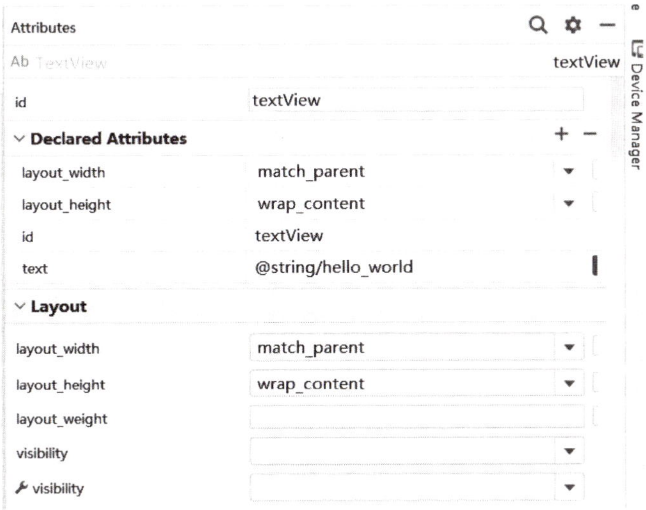

图 2-21　修改默认属性

步骤 3 接着加入 EditText 组件作为姓氏输入字段，并设置提示文字，并将它设为只限单行（让用户输入时不能换行，因为姓氏不可能超过一行），见图 2-22、图 2-23。

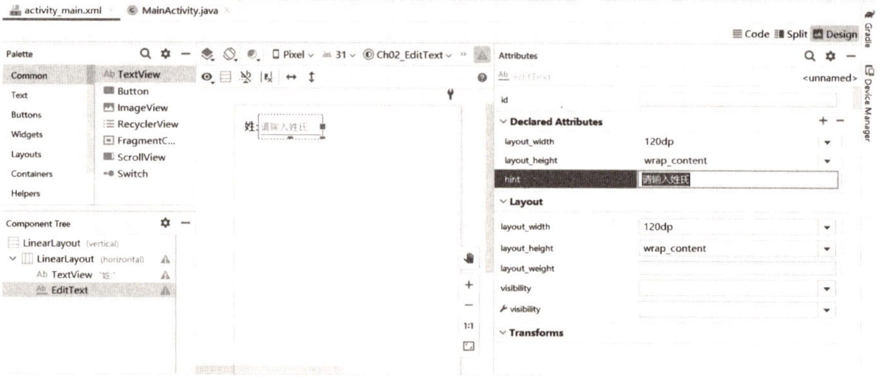

图 2-22 添加提示信息

图 2-23 单行输入模式

inputType 属性：设置输入字段种类

前面拖动组件时，可看到 Text Fields 项中有多个组件可选，它们都代表 EditText 组件，只是 inputType 属性值不同。inputType 属性可控制 EditText 字段中可输入的内容，例如，电话号码、电子邮件地址、日期、时间、数字等，请参见以下范例。

2.3.3 加入输入电话专用的 EditText

电话专用的组件，完成输入窗体的设计，最后的结果如图 2-24 所示。

图 2-24　效果图

步骤 1　请用复制项目的方式，从 Demo_2_1 复制出新项目 Dome_2_2，然后将字符串资源中的“app_name”改为“Dome_2_2”，如图 2-25 所示。

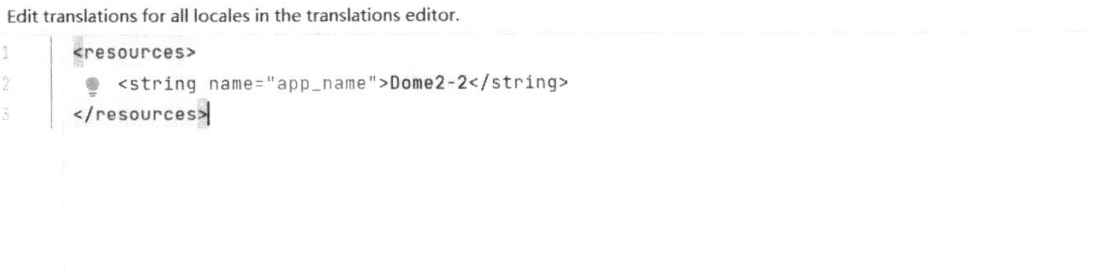

图 2-25　修改项目名称

步骤 2 打开 res/layout/activity_main.xml，若您还未进行前面加入“名：”输入字段的练习，请先加入“名：”字段，如图 2-26 所示。

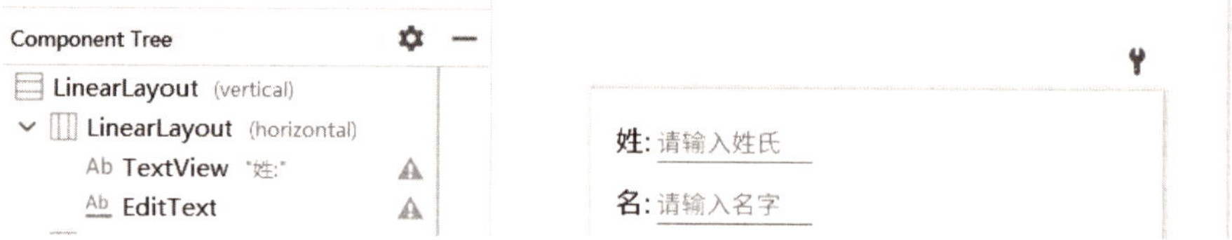

图 2-26 添加 TextView

步骤 3 加入另一行 LinearLayout（Horizontal），同样加入 TextView，并按如图 2-27 所示加入适用于输入电话的 EditText。

图 2-27 添加 EditText

步骤 4 在布局中加入 1 个 Button 组件和 TextView，如图 2-28 所示。

图 2-28 添加 Button

设置 Button 组件的 onClick 属性值，如图 2-29 所示。

图 2-29 设置 Button 的单击属性

步骤 5 打开 MainActivity.java 修改程序。这次要在 onCreate( )加入用 findViewById( )获取组件对象的程序代码，并在类中声明存放 EditText、TextView 对象的变量，请输入以下标示灰色的程序。

```
01 public class MainActivity extends AppCompatActivity {
02   // 声明代表 UI 组件的变量
03   EditText sname, fname, phone;
04   TextView txv;
05
06   @Override
07   protected void onCreate(Bundle savedInstanceState) {
08   super.onCreate(savedInstanceState);
09   setContentView(R.layout.activity_main);
10
11   // 初始化变量
12   sname = (EditText) findViewById(R.id.surName);
13   fname = (EditText) findViewById(R.id.firstName);
14   phone = (EditText) findViewById(R.id.phone);
15   txv = (TextView) findViewById(R.id.txv);
16   }
...
25   public void onclick(View v) {
26   txv.setText(sname.getText ( ) . toString ( ) +  // 获取姓
27   fname.getText ( ) +  // 获取名
28   " 的电话是 "+ phone.getText ( ) );  // 获取电话
29   }
30 }
```

●第 3、4 行声明用来存放代表 UI 组件的各项对象变量，因为它们会在不同方法中用到，所以需声明在类之内、方法之外。

●第 12 ~ 15 行在 onCreate ( ) 方法中用 findViewById ( ) 获取代表 UI 组件的对象并赋值给前面声明的变量。因为 onCreate ( ) 只会在 Activity 启动时被调用，表示此 findViewById ( ) 只会被执行 1 次；若是像项目 2 范例的按钮事件中的 findViewById ( )，则每当用户单击按钮都要重做一次，当组件数较多时，将会影响程序的性能。

步骤 6　将程序布置到手机、仿真器上执行，测试输入字段的效果。若要输入中文字段进行测试请在手机上进行测试。（如图 2-30、图 2-31 是在手机上的测试结果）

图 2-30　完成效果

图 2-31　运行效果

使用 weight 属性控制组件的宽／高

在建立类似前面窗体范例的布局时，有时会需要上、下字段能“对齐”。例如，将范例中的“姓：”“名：”都改成 2 个字的“姓氏：”“名字：”，就能和下面的“电话：”同宽，达到对齐的效果。但若遇到不方便对齐的情况（例如使用的不是文字组件，不便随意增删字数等），就可以利用 LinearLayout 提供的 weight 属性来调整，如图 2-32、图 2-33 所示。

图 2-32　普通模式

图 2-33　权重模式

在 LinearLayout 中的组件，其 layout:weight 属性的功能是设置“剩余空间的分配加权值”，会按权值比例分配布局剩余的空间（剩余空间 = 全部空间 – 所有未设 weight 组件所占的空间）。举例来说，上一节范例加入的 EditText 组件，默认就用到此属性。

技巧： 凡是与外部 Layout 有关的属性，在属性名称前面都会加上“layout:”字样，但为避免占用篇幅，本书会将“layout:”省略，请读者注意。

用户可以看到虽然图 2-33 中右边输入姓氏的 EditText 组件将 width 属性设置为 wrap_content，但宽度却还是会延伸到画面右侧。这是因为左边显示“姓”的 TextView 组件没有设置 weight 属性，权值会被当成 0，而右边的 EditText 组件 weight 属性默认为

1。在分配布局的剩余空间时，所有组件的权值总和为 1，按权值比例左边组件分配剩余空间的 0/1，即 0%，因此维持原来的宽度不变；但右边的组件分配到的是 1/1，也就是 100% 的剩余空间，所以会延伸到画面右侧。如果清除右边组件的 weight 属性设置，组件就会缩小为 wrap_content 的宽度，如图 2-34 所示。

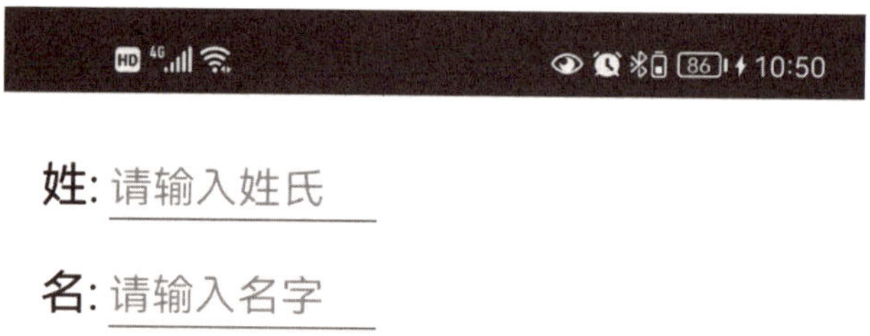

图 2-34　权重效果

使用 weight 属性控制组件宽度，最好的方式是“将组件的 width 属性设为 0 dp，再指定 weight 属性来分配宽度”，如此一来就相当于只用 weight 属性来控制组件宽度，而省去了先应用 width 属性的时间。由于 weight 属性只是比例值，所以设计好的布局在不同屏幕大小，各组件的宽度比例都能维持一致。

2.3.4　利用 weight 属性对齐组件

接着，利用上述的技巧改进 Dome_2_2，使用 weight 属性来让联系人输入窗体上的字段对齐。

步骤 1　请利用复制项目的技巧，将“Dome_2_2”范例复制为新项目“Dome_2_3”，再将 app_name 字符串改为“用 Weight 对齐”，并打开其 activity_main.xml 进行演练。

步骤 2　首先调整第一行，如图 2-35 所示。

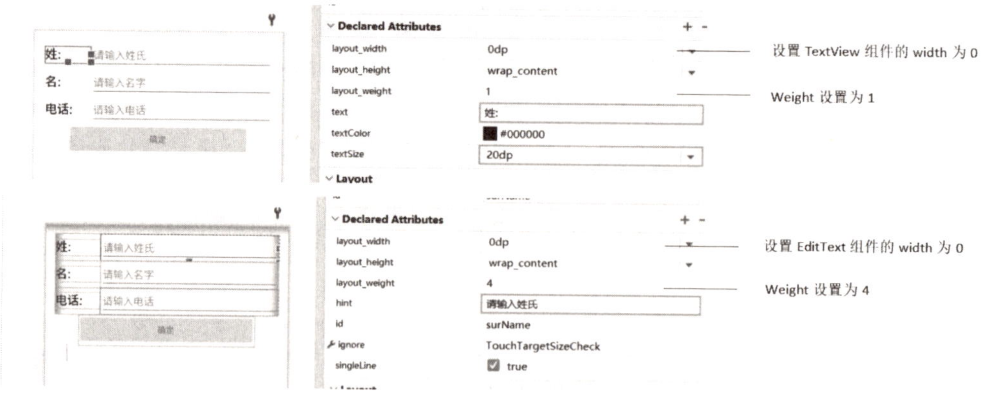

图 2-35　设置各组件的权重

步骤 3　按相同方式设置即可让每一行的组件 width 属性设为 0 dp，weight 属性为 1 和 4。

2.4　通过属性美化外观

前文介绍了 LinearLayout 布局用法，本节要进一步介绍边界、颜色与“外界”相关的属性，完成效果如图 2-36 所示。以下简介各种属性设置原理，并将之应用到前文的窗体范例。

图 2-36　完成效果

组件的边界：margin 和 padding

当组件被放到布局中时，在属性中可设置组件的 width（宽）、height（高）、weight 等，但组件中可用来显示内容的区域以及在布局上占的空间，还会受 padding、margin 两组属性的影响（两者默认值都是 0），如图 2-37 所示。

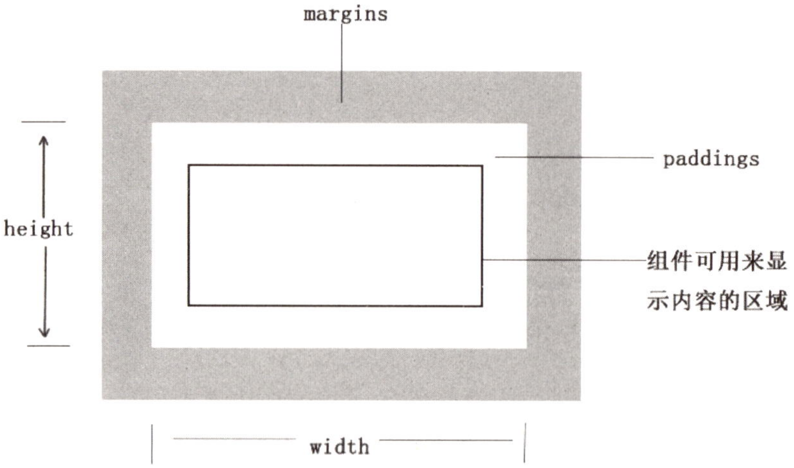

图 2-37　padding 属性

如图 2-38 所示，padding 包含在 width/height 之内，所以在 width/height 固定的情况下，指定 padding 时会占用组件的空间，也就是会使组件可用来显示内容的区域“变小”。举例来说，若设置 Layout 的 padding 属性让其边缘留白，则在 Layout 中加入组件，组件将不能占用 padding 留白的空间，如图 2-39、图 2-40 所示。

例如，之前我们用向导程序所新建的项目，其最外层的 Layout 默认就设置了 padding 属性。

图 2-38　使用 padding 属性效果

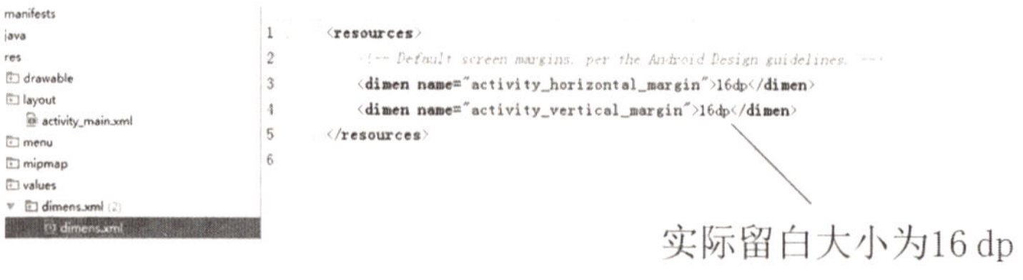

图 2-39　padding 属性值

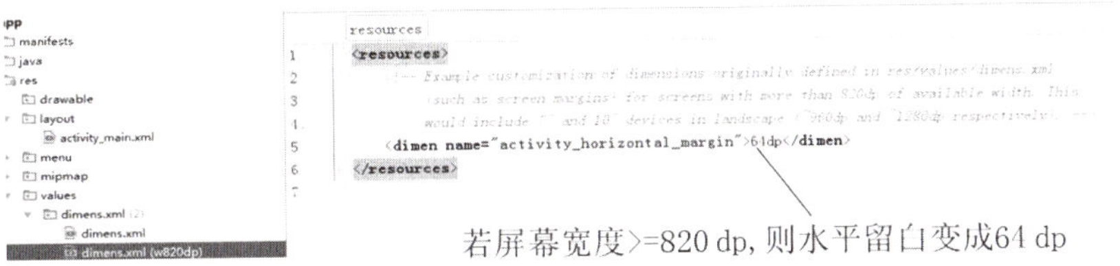

图 2-40　820dp 的 padding 属性值

技巧： 若设置 padding 的 all 属性，则其值会应用到其他所有的子属性上，可省去上、下、左、右设置的麻烦。

技巧： 最后的 paddingEnd 和 paddingStart 属性，是针对从右到左书写顺序的系统所设计的，初学者可以暂时忽略它。

至于 margin，则是在 width/height 之外的留白，所以“原则上”不会影响组件大小，而是影响组件彼此间的距离。

技巧： 由于手机屏幕画面有限，如果 margin 加上 width/height 超过画面大小，那么组件大小可能会被压缩，或是 margin 被压缩，实际情况视属性设置方式不同而有不同的结果，在此就不详细探讨了。

2.4.1　范例：边界设置

下面就来练习将边界属性应用到先前创建的窗体中。读者可直接用先前的范例项目练习，或如下先复制项目后再进行练习。

步骤 1　我们用前文的 Dome_2_3 为源项目，先复制出新项目 Dome_2_4，并打开其 activity_layout.xml 布局文件，如图 2-41 所示。

图 2-41　权重美化外观

步骤 2 在原项目中，组件都集中在上方，下方一大块空白，看起来不太平衡，可以按图 2-42 设置 layout:margin 属性。

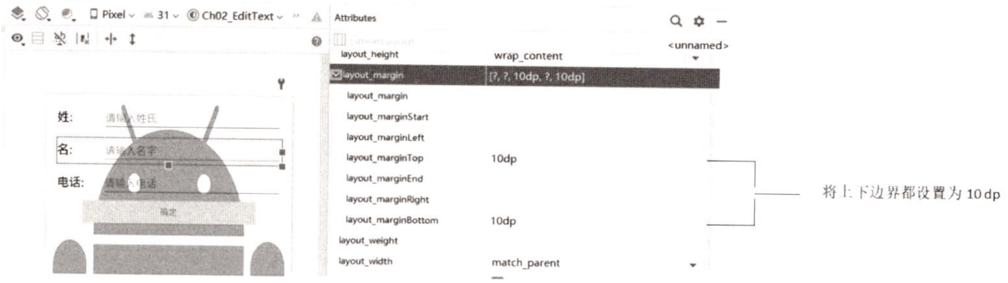

图 2-42 margin 设置边界值

2.4.2 范例：文字及背景颜色设置

颜色：以 RGB 值设置文字或背景颜色

在设计界面时，可设置颜色的属性有文字颜色（text Color）和背景（background）。

在 Android 项目中，设置颜色的方式有两种，一种是设置成主题中的现有样式，另一种则是直接设置颜色值。由于主题中默认样式变化不多，而且有些颜色样式在项目 SDK 版本为 11 以上才能使用，所以在此直接介绍颜色值的设置方式，也就是自行以红、绿、蓝（RGB）三原色的值（以十六进制数表示）来设置所要使用的颜色，其语法如图 2-43 所示。

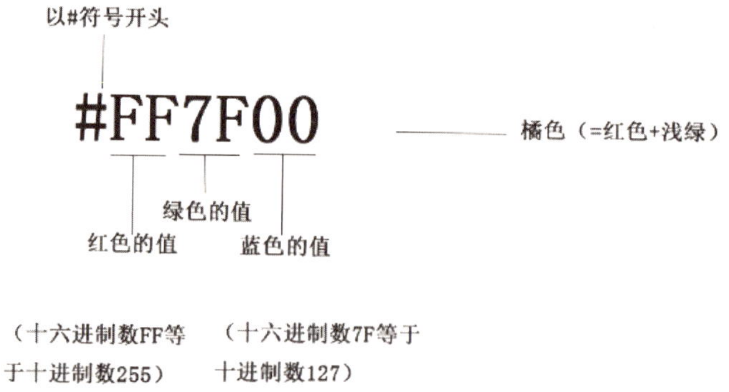

图 2-43 color 颜色属性

> **技巧：** 十六进制数值中的英文大小写均可，例如#FF7F00也可写成#ff7f00。

在设置颜色属性时，除设置 RGB 外，还可在最前面加上透明度（Alpha）属性而变成 ARGB 格式。透明度同样可分为 0 ~ 255 等，0 表示完全透明，255（十六进制的 FF）则为完全不透明。例如图 2-44 为半透明的橘色。

图 2-44　十六进制颜色

若省略透明度，则默认为完全不透明（#FF）。另外，也设置 4 位数或 3 位数的颜色值，表示每个数字都重复一次，例如 #BFA 就是指 #BBFFAA（浅绿色），由于省略了透明度（默认为不透明），因此其颜色会和 #FBFA（#FFBBFFAA）完全相同。

步骤 1　接续前面范例的 Dome_2_4 项目，再来设置组件的文字及背景颜色。对于多个 TextView 组件，可用多选方式同时设置其文字的颜色，如图 2-45、图 2-46 所示。

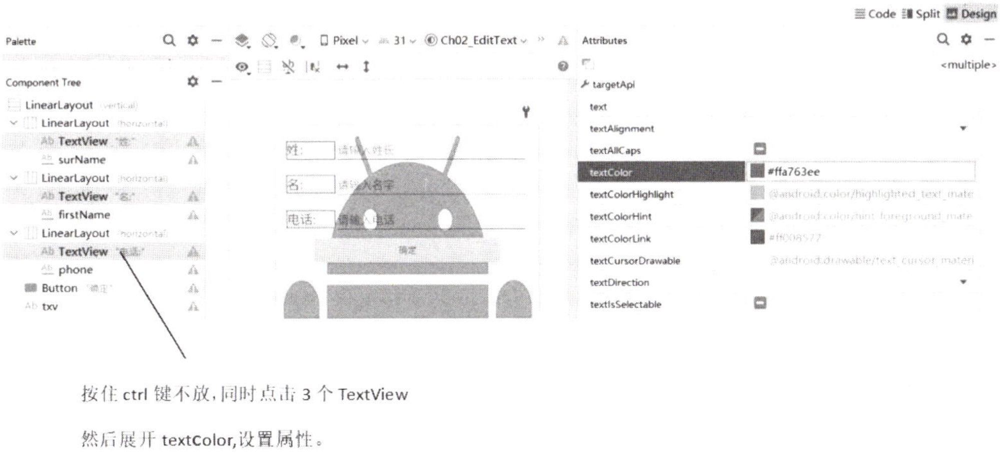

图 2-45　设置颜色属性

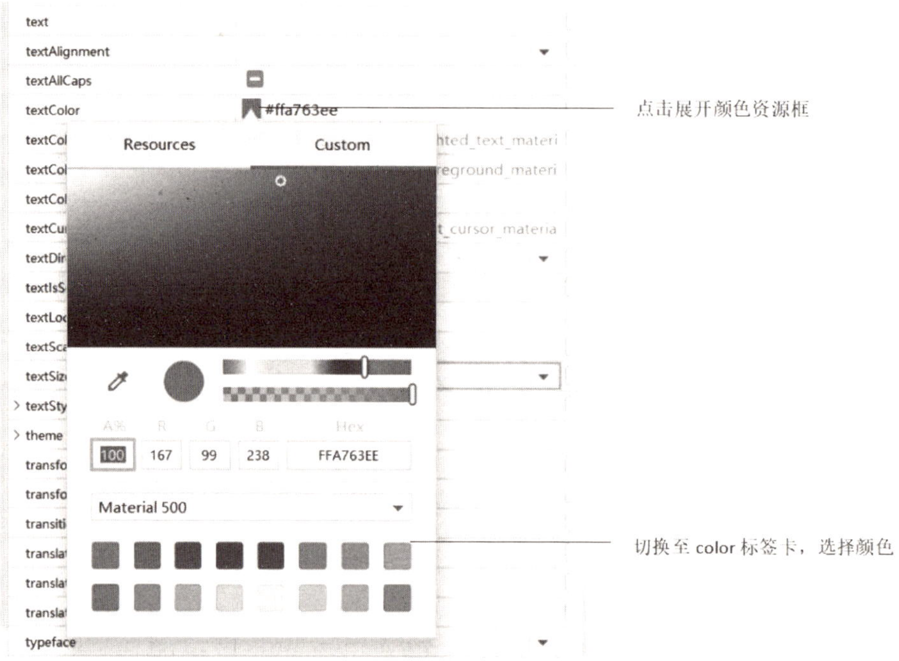

图 2-46　使用颜色资源

步骤 2　使用相同的方法接着来更改最外层 Layout 的 background 属性值，以更改整个画面的背景颜色。

以程序设置组件的外观属性

在布局编辑器看到的众多属性，大部分在 Java 程序中都有对应的方法可设置其值（有些是 View 类的方法，有些是各组件类的方法）。要使用这些方法，必须先用 findViewById（）获取对象，再调用方法来设置（文字类的属性，须将对象转成 TextView 类型对象才能使用对应的方法）。

setTextColor（）：改变文字颜色

具备文字的组件，可利用 setTextColor（）来改变文字颜色，而参数可以是 android.graphics.Color 类中定义的颜色名称，或使用 Color 类本身的 rgb（）方法指定 RGB 值，或用 argb（）指定包含透明度的颜色，如图 2-47 所示。

属性名称	在程序中设置的方式
paddings	(View类的对象).setPaddings(5,10,5,10); //参数顺序为：左、上、右、下 //(顺时针)
textColor	(TextView类的对象).setTextColor(Color.Red); //将文字设为红色
background	(View类的对象).setBackgroundColor(颜色值);
textSize	(TextView类的对象).setTextSize(30) //设置文字大小（单位为sp)

图 2-47　组件常用属性设置

TextView txv = (TextView) findViewById(R.id.txv);

// 以下 3 行都是将文字设为红色

txv.setTextColor(Color.Red);

txv.setTextColor(Color.rgb(255,0,0)); //rgb( )三个参数分别是红、绿、蓝三原色的强度，可为 0 ~ 255

txv.setTextColor(Color.argb(255,255,0,0)); //argb( )多了一个透明度参数(第 1 个参数，0 ~ 255）

// 以下两行都是将文字设为黄色 txv.setTextColor(Color.Yellow); txv.setTextColor(Color.rgb(255,255,0))

如果想用十六进制格式，则需改用 parseColor（ ）方法。

//Color.rgb(255,0,255), 紫色

Color.parseColor("#FF00FF"); // 参数必须以字符串表示

同样地，若要设置 Layout 或组件的背景颜色，则可用 SetBackgroundColor（ ）方法，参数同样可用 Color 类的内建颜色名称或用 rgb（ ）、parseColor（ ）方法产生，详见后文的范例。

技巧： 如果要设置 background 属性的背景图案，可用 setBackgroundResource(int resid)，其中 resid 为资源 ID，例如 R.mipmap.ic_launcher。

2.4.3　范例：变色板程序

下面就来练习使用上面介绍的内容，实践用按钮操作来改变文字颜色的功能。在处理按钮操作的自定义方法中，将使用 java.util.Random 类产生 0 ~ 255 的随机数，当成红、绿、蓝颜色，所以每次单击按钮都会出现不同的颜色，如图 2-48 所示。

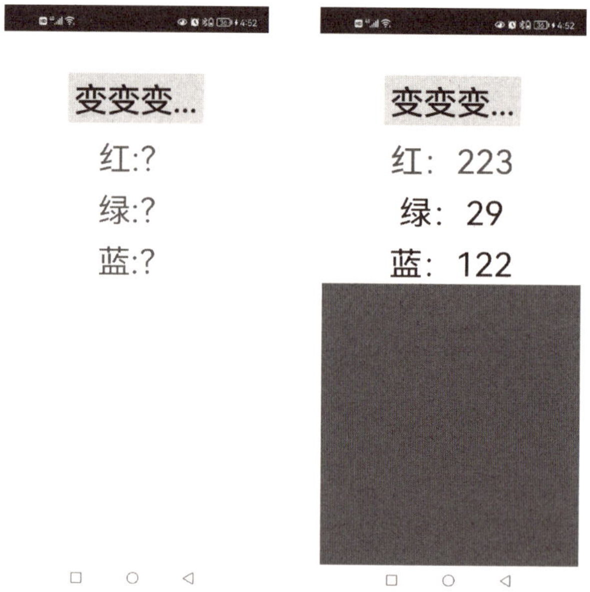

图 2-48　最终运行效果

步骤 1　创建新项目“Dome_2_5”，将 app_name 字符串改为“变色板”，按图 2-49 设置界面。

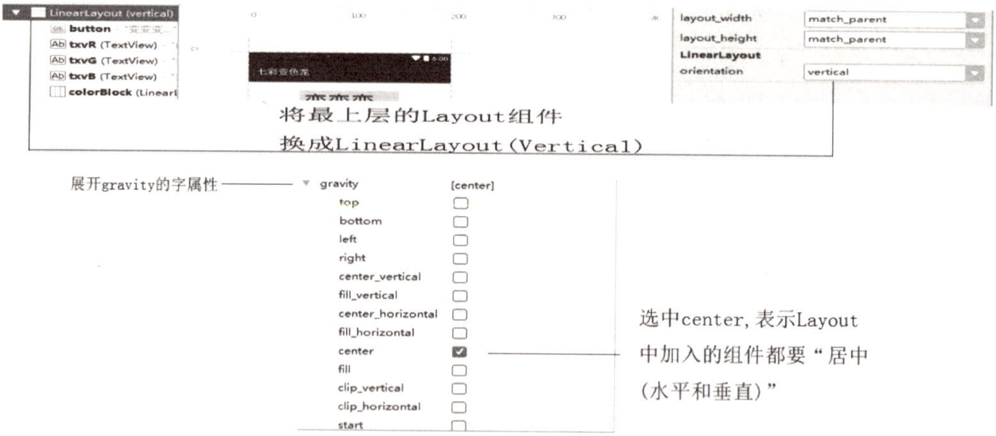

图 2-49　设置组件属性

再依次加入以下组件并进行相应设置，如图 2-50 ~ 图 2-52 所示。

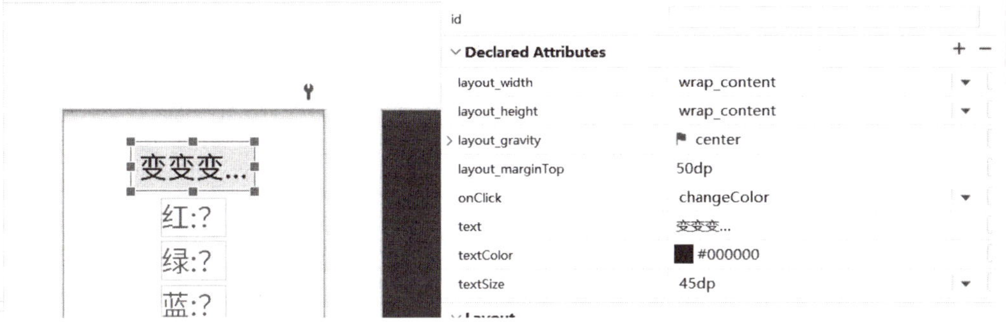

图 2-50　设置 TextView

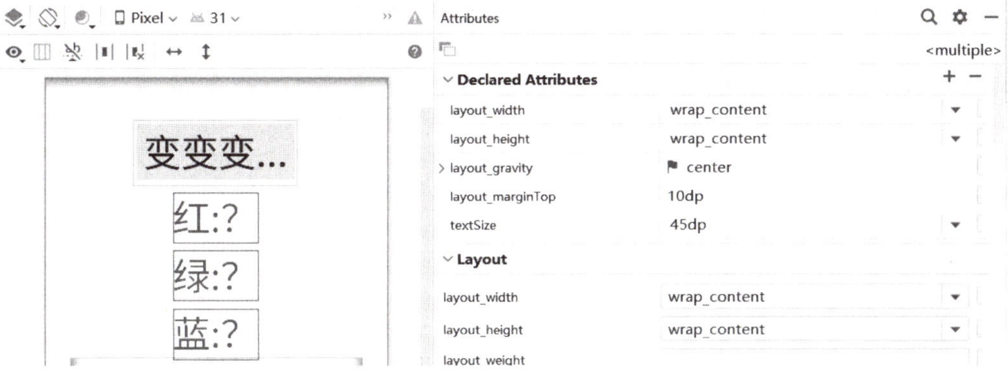

图 2-51　更改默认的 TextView 值

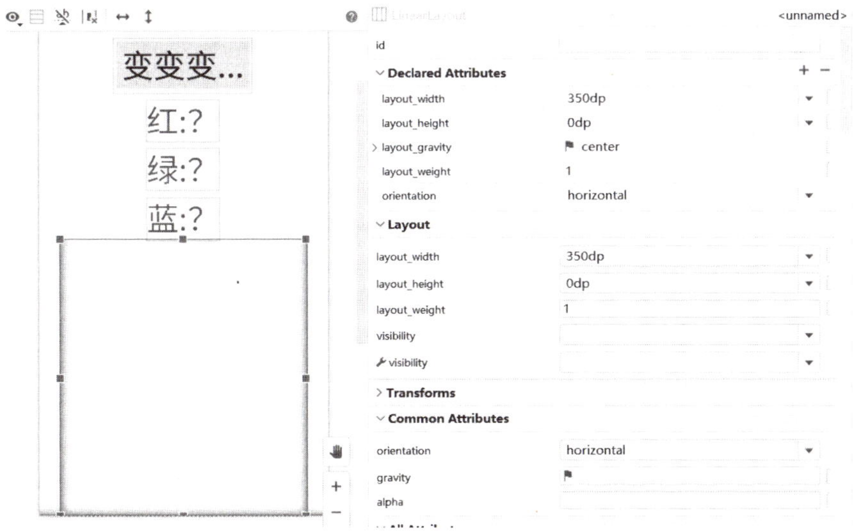

图 2-52　添加 LinearLayout

步骤 2　打开 java/ 套件名称 /MainActivity.java，在类开头加入 4 个对象变量声明并在 onCreate（ ）中初始化。

```
01 public class MainActivity extends AppCompatActivity {
02 TextView txvR,txvG,txvB;
03 View colorBlock;
04 @Override
05 protected void onCreate(Bundle savedInstanceState) {
06 super.onCreate(savedInstanceState);
07 setContentView(R.layout.activity_main);
08
09 // 获取 3 个 TextView 的对象及画面最下方的 LinearLayout
10 txvR = (TextView) findViewById(R.id.txvR);
11 txvG = (TextView) findViewById(R.id.txvG);
12 txvB = (TextView) findViewById(R.id.txvB);
13 colorBlock = findViewById(R.id.colorBlock);
14 }
…
```

●第 2、3 行声明程序要用到的 TextView 对象变量和 View 对象变量。

●第 10 ~ 13 行用 findViewById（ ）获取各项对象。第 13 行获取代表画面最下方的 LinearLayout 的 View 对象，不需要进行类型转换，因为后面在 changeColor（ ）自定义方法中调用的 setBackgroundColor（ ）方法是 View 类提供的，所以此处获取的 View 对象就可以用来直接调用 setBackgroundColor（ ）方法。

步骤 3　在 MainActivity 类内，加入 changeColor（ ）自定义方法。

```
public void changeColor(View v) {
// 获取随机数对象，产生 3 个随机数值（rgb 值）
Random x=new Random（ ）;
int red=x.nextInt(256);   // 取 0 ~ 255 之间的随机数
txvR.setText( "红：" + red);   // 显示随机数值
txvR.setTextColor(Color.rgb(red,0,0));   // 将文字设为随机数颜色值（红）

int green=x.nextInt(256);
txvG.setText( "绿：" + green);
txvG.setTextColor(Color.rgb(0,green,0));   // 将文字设为随机数颜色值（绿）

```

```
12 int blue=x.nextInt(256);
13 txvB.setText( "蓝：" + blue);
14 txvB.setTextColor(Color.rgb(0,0,blue));   // 将文字设为随机数颜色值（蓝）
15
16 // 设置画面最下方的空白 LinearLayout 的背景颜色
17 colorBlack.setBackgroundColor(Color.rgb(red,green,blue));
18 }
```

- 第 1 行是自定义方法的开头，如项目 2 所述，除了名称必须与按钮的 onClick 属性值相同，方法的签名（Signature）都须与此处所列的内容相同。
- 第 3 行获取 Random 随机数类对象 x, 第 4、8、12 行调用 NextInt(256) 获取 3 个随机的整数来作为 RGB 值，参数 256 表示让 NextInt（ ）返回 0 ~ 255 之间的任意整数。
- 第 5 行用 setText 将“红：”连同 red 的值设置给 TextView。例如若 red 的值是 100，则文本框的文字会变成“红：100”。
- 第 6 行先用 Color.rgb(red,0,0) 的方式获取红色的颜色值，再用 setTextColor（ ）将它设为文本框中的文字颜色。
- 第 9、10 行则是以相同方式设置“绿：”文本框对象，第 13、14 行则是以相同方式设置“蓝：”文本框对象。
- 第 17 行调用 setBackgroundColor（ ）将背景颜色设为 Color.rgb(red,green,blue) 返回的颜色。因为 red、green、blue 的值是随机的变量，所以每次单击按钮，都会在这个“空白”LinearLayout 显示不同的颜色。

步骤 4　在仿真器或手机执行程序时，每次单击一次按钮就会出现随机产生的颜色值和色块。

2.5　自定义 ViewGroup

前面我们分析了如何自定义 View，下面我们继续来分析如何创建自定义 ViewGroup。ViewGroup 存在的目的就是对其子控件 View 进行管理，为其子控件 View 添加显示、响应的规则。因此，自定义 ViewGroup 通常需要重写 onMeasure（ ）方法来对子控件 View 进行测量，重写 onLayout（ ）方法来确定子 View 的位置，重写 onTouchEvent（ ）方法增加响应事件。下面通过一个实例，来看看如何自定义 ViewGroup。

本例准备实现一个类似 Android 原生控件 ScrollView 的自定义 ViewGroup，自定义 ViewGroup 可以显示 ScrollView 所有的上下滑动功能，但是在滑动的过程中，增加一个黏性的效果，即当一个子控件 View 向上滑动大于一定的距离后，松开手指，它将自动向上滑动，显示下一个子控件 View。同理，如果滑动距离小于一定的距离，松开手指，它将自动滑动到开始的位置，相信大家在很多 App 应用中都看见过这样的效果。

首先让自定义 ViewGroup 能够实现类似 ScrollView 的功能。

当然，在 ViewGroup 能够滚动之前，需要先放置好它的子控件 View，使用遍历的方式来通知子控件 View 对自身进行测量，代码如下所示：

```
@Override
protected void onMeasure(int widthMeasureSpec, int heightMeasureSpec) {
  int childCount = this.getChildCount（）;
  for (int i = 0; i < childCount; i++) {
    View child = this.getChildAt(i);
    this.measureChild(child, widthMeasureSpec, heightMeasureSpec);
    int cw = child.getMeasuredWidth（）;
    // int ch = child.getMeasuredHeight（）;
  }
}
```

接下来，就要对子控件 View 进行放置位置的设定。让每个子控件 View 都显示完整的一屏，这样在滑动的时候，可以比较好地实现后面的效果。在放置子控件 View 前，需要确定整个 ViewGroup 的高度。在本例中，由于让每个子控件 View 占一屏的高度，因此整个 ViewGroup 的高度即子控件 View 的个数乘以屏幕的高度，我们通过如下代码来确定整个 ViewGroup 的高度：

```
// 设置 ViewGroup 的高度
MarginLayoutParams mlp=（MarginLayoutParams）getLayoutParams（）;
mlp.height=mScreenHeight*childCount;
setLayoutParams(mlp);
```

在获取了整个 ViewGroup 的高度之后，就可以通过遍历来设定每个子控件 View 需要放置的位置了，直接通过调用子控件 View 的 Layout（）方法，并将其具体的位置参数传递进去即可，代码如下所示：

```
@Override
protected void onLayout（boolean changed,int 1,int r,int b）{
    int childCount=getChildCount（）;
// 设置 ViewGroup 的高度
    MarginLayoutParams mlp=( MarginLayoutParams)getLayoutParams（）;
    mlp.height=mScreenHeight*childCount;
    setLayoutParams(mlp)
```

```
for(int i=0;i<childCount;i++{
View child=getChildAt(i);
if(child.getVisibility ( ) !=View.GONE){
child.layout(1,i*mScreenHeigth,
r,(i+1)*mScreenHeight);
    }
  }
}
```

在代码中主要是去修改每个子控件 View 的 top 和 bottom 这两个属性，让它们能够依次排列下来。

通过上面的步骤，就可以将子控件 View 放置到 ViewGroup 中了，但此时的 ViewGroup 还不能响应任何触控事件，自然也不能滑动，因此我们需要重写 onTouchEvent ( ) 方法，为 ViewGroup 添加响应事件。在 ViewGroup 中添加滑动事件，通常可以使用 scrollBy ( ) 方法来辅助滑动。在 onTouchEvent ( ) 的 ACTION_MOVE 事件中，只要使用 scrollBy(0,dy) 方法，在手指滑动的时候让 ViewGroup 中的所有子控件 View 也跟着滚动 dy 即可，计算 dy 的方法有很多，如下代码就提供了一种思路。

```
Case MotionEvent.ACTION_DOWN:
mLastY=y;
break;
case MotionEvent.ACTION_MOVE:
if ( !  mScroller.isFinished ( ) ) {
mScroller.abortAnimation ( ) ;
}
int dy=mLastY-y;
if(getScrollY ( ) <0){
dy=0;
}
if(getScrollY ( ) >getHeight-mScreenHeight){
dy=0;
}
scrollBy(0,dy);
mLastY=y;
break;
```

按如上方法操作就可以实现类似 ScrollView 的滚动效果了。当然，系统的原生

ScrollView 有更大的功能，比如滑动的惯性效果等，这些功能可以在后面慢慢添加，这也是一个控件的迭代过程。

最后，来实现这个自定义 ViewGroup 的黏性效果。要实现手指离开后 ViewGroup 的黏性效果，我们很自然地想到 onTouchEvent（）的 ACTION_UP 事件和 Scroller 类。在 ACTION_UP 事件中判断手指滑动的距离，如果超过一定距离，则使用 Scroller 类平滑移动到下一个子控件 View；如果小于一定距离，则回滚到原来的位置，代码如下所示：

```
case MotionEvent.ACTION_DOWN:
// 记录触摸起点
mStart=getScrollY（）;
break;
case MotionEvent.ACTION_UP:
// 记录触摸终点
mEnd=getScrollY（）;
int dScrollY=mEnd-mStart;
if(dScrollY>0){
 if(dScrollY<mScreenHeight/3){
   mScroller.startScroll(
   0.getScrollY（）,
   0,-dScrollY);
 }else{
   mScreen.startScroll(
    0,getScrollY（）,
    0,mScreenHeight-dScrollY);
 }
}else{
 if(-dScrollY<mScreenHeight/3){
  mScroller.startScroll(
        0,getScrollY（）,
        0,-dScrollY);
 }else{
  mScroller.startScroll(
        0,getScrollY（）,
        0,-mScreenHeight-dScrollY);
 }
}
break;
```

通过以上操作，我们就能在 onTouchEvent（）中实现滚动的逻辑和“黏性”的逻辑，整个 onTouchEvent（）代码如下：

```
@Override
public Boolean onTouchEvent(MotionEvent event){
 int y=(int)event.getY（）;
 switch(event.getAction（）){
   case MotionEvent.ACTION_DOWN:
   mLastY=y;
   mStart=getScrollY（）;
   break;
case MotionEvent.ACTION_MOVE:
if(!mScroller.isFinished（）){
  mScroller.abortAnimation（）;
   }
   int dy=mLast-y;
   if(getScrollY（）<0){
     dy=0;
   }
   if(getScrollY（）>getHeight（）-mScreenHeight){
     dy=0;
   }
   scrollBy(0,dy);
   mLastY=y;
   break;
   case MotionEvent.ACTION_UP:
   mEnd=getScrollY（）;
   int dScrollY=mEnd-mStart;
   if(dScrollY>0){
     if(dScrollY<mScreenHeight/3){
       mScroller.startScroll(
         0,getScrollY（）,
         0,-dScrollY);
     }else{
       mScroller.startScroll(
            0,getScrollY（）,
            0,mScreenHeight-dScrollY);
```

```
            }

            }else{
              if(-dScrollY<mScreenHeight/3){
                  mScroller.startScroll(
                    0,getScrollY ( ) ,
                    0,-dScroolY);
        }else{
                mScroller.startScroll(
                    0,getScrollY ( ) ,
                    0,-mScreenHeight-dScrollY);
                }
            }
      break;
    }
    postInvalidate ( ) ;
      return true;
    }
```

当然，最后不要忘记加上 computerScroll ( ) 的代码，如下所示：

```
@Override
Public void computerScroll ( ) {
      super.computerScroll ( ) ;
       if(mScroller.computeScrollOffset ( ) ){
          scrollTo(0,mScroller.getCurrY ( ) );
        postInvalidate ( ) ;
      }
}
```

【小　结】

本项目主要为大家介绍了 Android 控件架构、父控件 ViewGroup 和子控件 View 的使用，以及自定义父控件 ViewGroup。

重点整理：

（1）Android 控件大致被分为两类，即 ViewGroup 控件与 View 控件。ViewGroup 控件作为父控件可以包含多个 View 控件，并管理其包含的 View 控件。

（2）Android 的屏幕显示画面是以 View 和 ViewGroup 两种类为基础架构出来的树状系统。View 类为具体可见的视觉组件，在其内不能再置入其他的组件。而 ViewGroup

类则是不可见的容器组件，用来设置其容器内的 View 和 ViewGroup 组件的排列规则。要注意的是 ViewGroup 除了可以放入 View 组件，也可以放入其他的 ViewGroup 容器组件。

（3）介绍了 View 属性的设置以及常用 Layout，讲解了如何快速布置控件的基础属性，调整控件的对齐方式以及控件之间的边界距离设置，讲解了基础控件的使用方法，并使用 findViewById（ ）方法获取控件对象。

（4）介绍了如何自定义父控件 ViewGroup，重点在于需要重写 onMeasure（ ）方法来对子控件 View 进行测量，重写 onLayout（ ）方法来确定子控件 View 的位置，重写 onTouchEvent（ ）方法增加响应事件。

3 项目 3 事件响应

3.1 事件处理机制

3.1.1 来源对象与监听对象

事件发生的来源（例如某个按钮），称为该事件的来源对象。如果想要处理这个事件，必须准备一个能处理该事件的监听对象（或称为监听器，Listener），然后将它登录到来源对象中，那么当来源对象有事件发生时，就会自动调用监听对象中对应该事件的处理方法来进行处理，如图 3-1 所示。

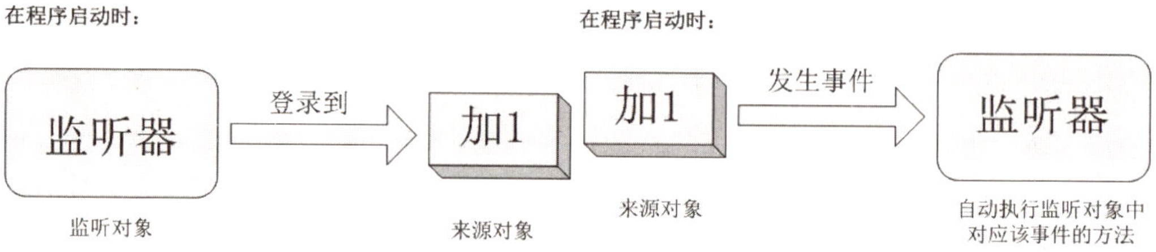

图 3-1　事件处理方法

3.1.2 接口

要成为特定事件的监听对象，首先必须符合该事件的规范。在 Android 中，是以 Java 的接口（Interface）来规范处理事件的，凡是要成为某类事件的监听对象就需要提供符合其接口规定格式的方法。例如，刚刚提到的“单击”（onClick）事件，对应的规范就是 OnClickListener 接口，该接口规定了监听对象必须提供的 onClick（）方法的规格，必须按其规格编写 onClick（）的方法才能处理“单击”事件。当按钮被单击时，Android 系统就会调用监听对象的 onClick（）方法。

此接口非彼接口

这里的接口（Interface）是指 Java 程序设计语言中的接口和显示在画面上供用户操作的用户界面（改编注：英文单词都是 Interface，但是中文翻译根据语境而不同，可翻译成接口或者界面）是不同的东西。对于 Java 接口不熟悉的读者，可参考 Java 相关书籍。

监听对象类一开始必须声明要成为哪个事件的监听对象才能登录为监听对象。这个声明的操作就称为“实现（implements）×× 接口”（×× 为接口的名称）。举例来说，若是要让 MainActivity 对象成为“单击”（onClick）事件的监听对象，在 Java 程序中定义 MainActivity 类时，就必须这样写：

```
public class MainActivity extends Activity
  implements OnClickListener {   // 明确声明要成为“单击”事件的监听对象
  …
  public void OnClick(View v) {   // 然后在监听对象中按接口规格编写能够处理
                                      “单击”事件的方法
    …
  }
}
```

其中的 implements OnClickListener 就表示在类中要“实现”OnClickListener 接口，而 onClick（）就是 OnClickListener 接口中规定必须编写的方法，让 MainActivity 具备可以处理“单击”事件的能力。

接口

接口其实就是一份方法（method）的“规格书”，它规定了方法的名称、参数和返回值，但不规定内容。因此，程序设计人员只要按其规格来编写程序，即符合 Interface 的规范，至于内容则由我们自行安排。当类 C“实现”接口 I 时，就代表类 C 声明自己“具有”接口 I 的功能。举例来说，刚刚的 MainActivity 实现了 OnClickListener 接口，就声明 MainActivity 具备 OnClickListener 接口规格的方法，能够处理“单击”事件，所以 MainActivity 就能够登录成为“单击”事件的监听对象。

一个接口只代表一组功能，但一个类可以同时实现多个接口，让这个类拥有多组功能。

准备好监听对象后，接着登录到来源对象中。Android 已事先为各个常用的对象定义出许多登录监听对象的方法。举例来说，Button 就定义有 setOnClickListener（）方法，可以用来登录（set）“单击”事件的监听对象。

在本书中，都是以 MainActivity 作为监听对象来处理各种事件的。举例来说，如果要让 MainActivity 监听并处理按钮的“单击”事件，其声明、登录、监听、处理的过程如 3-2 所示。

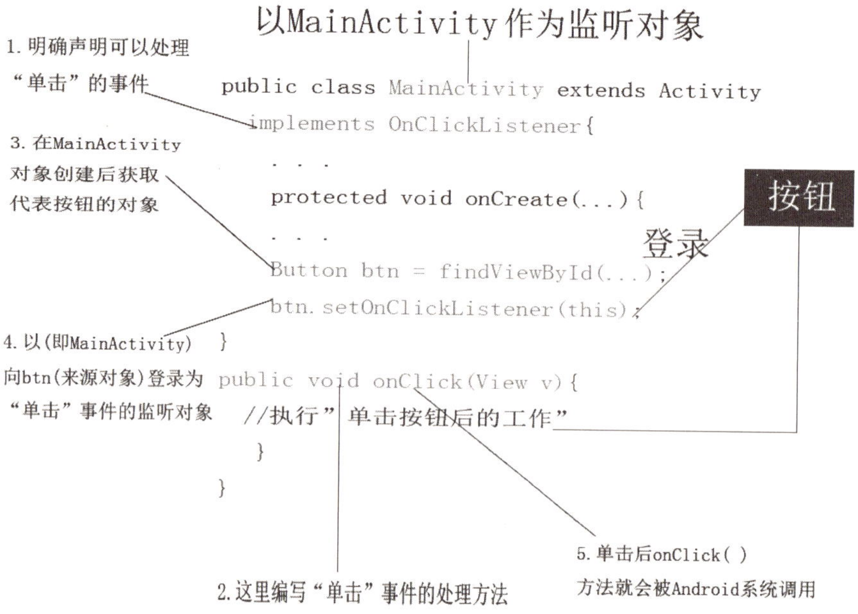

图 3-2　MainActivity 事件处理流程

什么是 this？

在类的方法中，可以用 this 来表达“当前的对象”，也就是“当前执行中方法所属的对象”。例如：

```
class Student {
  …
  void log( ) {
    register(this);  this 代表 log( ) 执行时所属的 Student 对象
    …
  }
}
Student joe = new Student( “Joe” ), sam = new Student( “Sam” );
…
joe.log( );  // 此时在 log( ) 中的 this 是指 joe 对象
sam.log( );  // 此时在 log( ) 中的 this 是指 sam 对象
```

前文的程序 setOnClickListener ( ) 是在 onCreate ( ) 方法内被执行的，因此 btn.setOnClickListener(this) 中的 “this” 指的就是 onCreate ( ) 方法所属的对象，也就是 MainActivity 对象本身。利用这个特性，就可以将 MainActivity 对象登录成按钮的监听器了。

3.2　“单击”事件的处理

当用户对手机进行各种操作时，即会产生对应的事件（Event），例如当用户单击按钮时，就会产生该按钮的 onClick 事件，即通过编写各种事件的处理程序来和用户进行互动，如图 3-3 所示。

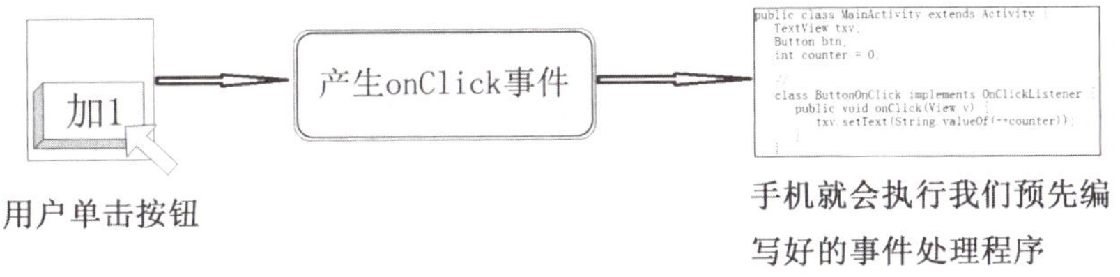

图 3-3　onClick 事件的处理

3.2.1　范例：单击事件处理

本节我们来设计一个能处理“单击”事件的简易计数器程序，执行时的屏幕显示画面如图 3-4 所示。

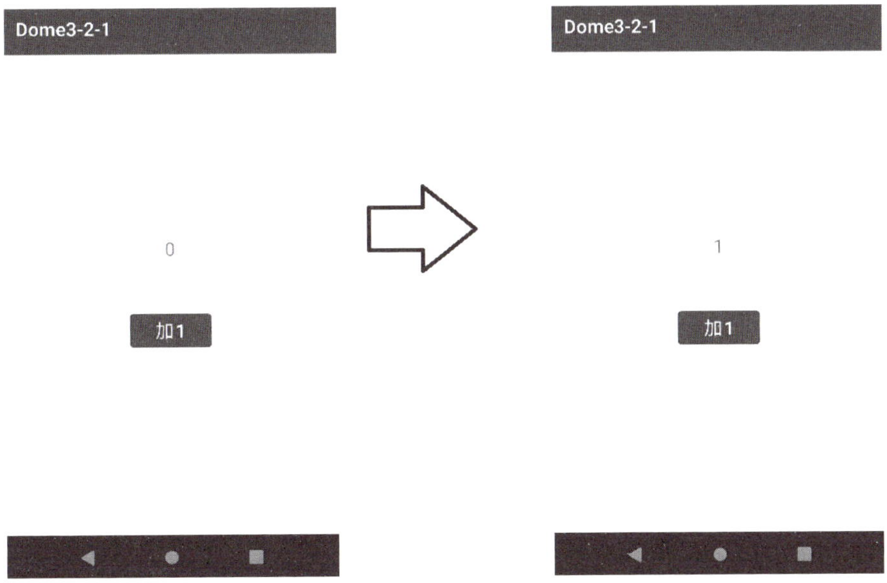

图 3-4　效果显示图

每单击一次按钮，就让计数器加 1

步骤 1　首先请新建一个名为 Dome_3_2_1 的项目，如图 3-5 所示。

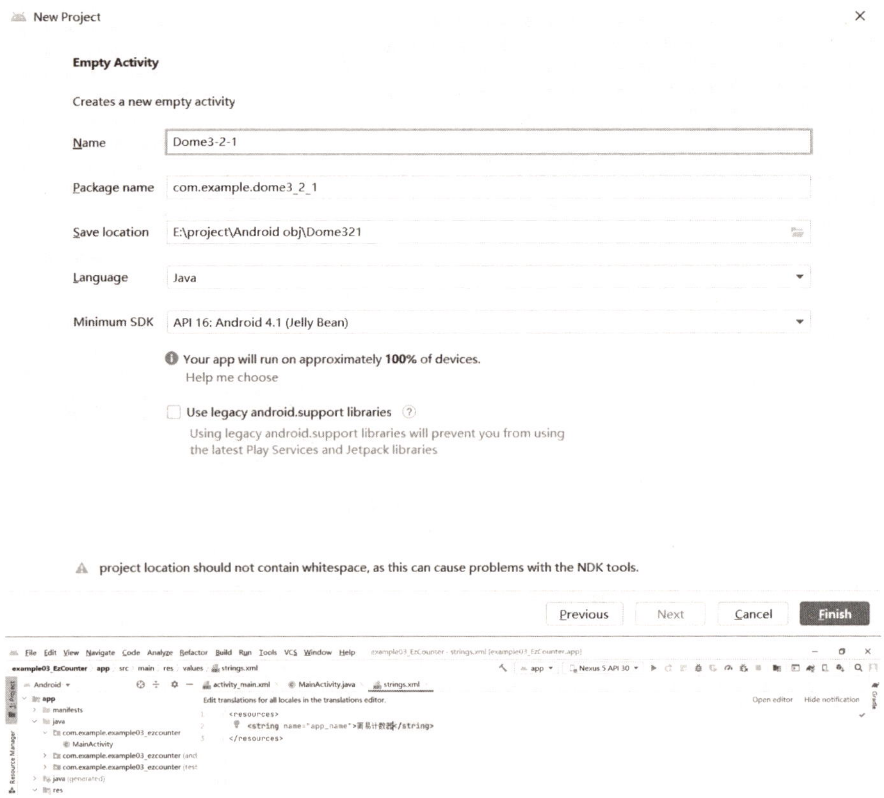

图 3-5　新建项目

图 3-6　加入 Button 组件设置属性

步骤 2　在屏幕画面设计的部分，请加入图 3-5 一个 Button 组件，并按照图 3-6 进行设置。

> **技巧：** 在此例中，为了简化设置步骤，我们直接将 TextView 和 Button 组件的 text 属性设为“0”和“加 1”，这是在正式开发程序时不建议的做法，因此在选取组件时左侧会显示 💡 的警告图标。比较正规的做法是将字符串值都放在 res/values 下的 strings.xml 文件中，然后再从资源文件中读入供组件使用，这样才比较容易维护，并可支持多种语言。

步骤 3　接着来修改 MainActivity.java 程序，在完成界面初始化后使用 this 关键字设置 Button 按钮的 OnClickListener 监听当前对象，如图 3-7 所示。

```
textView=findViewById(R.id.textview);
button=findViewById(R.id.button);
button.setOnClickListener(this);
```

图 3-7　设置按钮监听

点击左边的小灯泡，如图 3-8 所示。

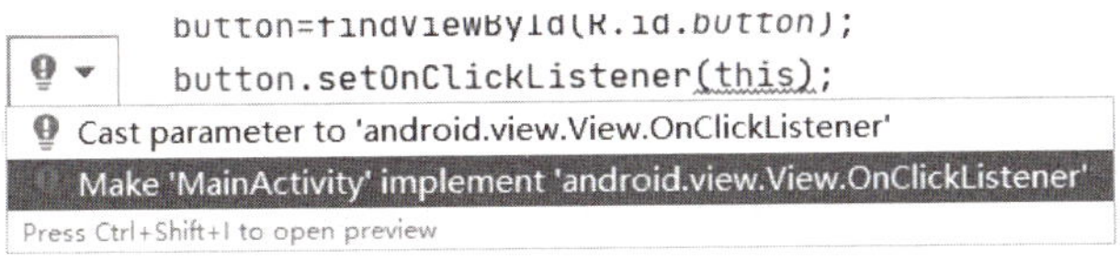

图 3-8　点击小灯泡添加接口

点击图 3-9 中 OK 此时会为我们加入接口自动创建 OnClick 方法，如图 3-10 所示。

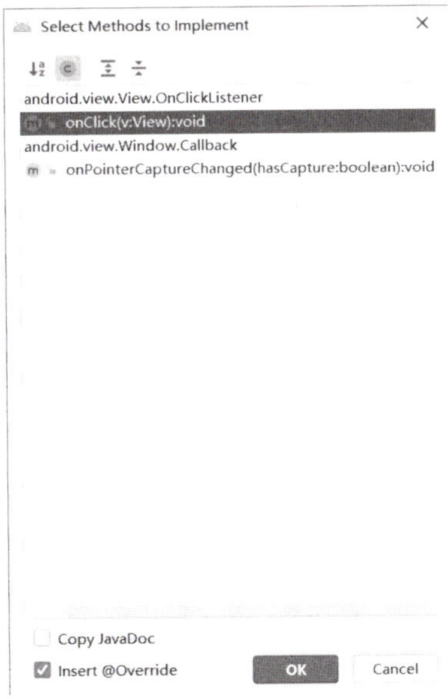

图 3-9　添加 OnClick 方法

```
    @Override
    public void onClick(View v) {

    }
}
```

图 3-10　自动添加出来的 OnClick 方法

不同程序包中的同名接口（或类）

由于在 android.view.View 和 android.content.DialogInterface 程序包中都有 OnClickListener 接口，所以前面在选取自动完成选项后，会自动加入 View.OnClickListener，以避免被误认为是 DialogInterface.OnClickListener，如图 3-11 所示。

```
import android.view.View;

public class MainActivity extends AppCc
        implements View.OnClickListener
```

图 3-11　自动加入 View.OnClickListener

View.OnClickListener 的写法比较明确、不易混淆，但名称会比较长。如果想要名称精简一点，也可改写成如图 3-12 中所示。

```
import android.view.View.OnClickListener;

public class MainActivity extends AppCom
        implements OnClickListener { //
```

图 3-12　简化 View.OnClickListener 的写法

步骤 4　接着请加入所需的变量，并编写“单击”事件的技术功能。

```
package com.example.example03_ezcounter;

import androidx.appcompat.app.AppCompatActivity;

import android.os.Bundle;
import android.view.View;
import android.widget.Button;
import android.widget.TextView;

public class MainActivity extends AppCompatActivity
```

```
    implements View.OnClickListener, View.OnLongClickListener { //
private TextView textView; // 用来操作 textView 组件的变量
private Button button;         // 用来操作 button 组件的变量
private int num=0;             // 用来存储计数的值，初值为 0

@Override
protected void onCreate(Bundle savedInstanceState) {
    super.onCreate(savedInstanceState);
    setContentView(R.layout.activity_main);
    intView（ ）;// 调用控件初始化函数

}
private void intView（ ）{// 控件初始化函数
      textView=findViewById(R.id.textview);// 找到需要操作的 TextView 对象
      button=findViewById(R.id.button);// 找到需要操作的 Button 对象
      button.setOnClickListener(this);// 设置单击监听对象为 this（this 代表当前
      对象）
      button.setOnLongClickListener(this);// 设置长按监听对象为 this（this 代表
      当前对象）
}

@Override
public void onClick(View v) {
      switch (v.getId（ ）){     // 当监听到有按钮按下后使用 switch 关键字与控制
的 id 属性来判断按下的按钮是哪一个
            case R.id.button: // 当按下监听到 id 为 button 的按钮按下
                num++;        //num 变量自增
                textView.setText(num+"");//texview 控件设置输出文本为 num
                break;
            }
}
```

3.2.2　范例：长按事件处理

前面的“Dome_3_2_1”只有加 1 的功能，下面我们来增加在按钮上“长按”（按住不放约 1 秒）时，可以将计数器归零的功能。

onLongClick（ ）：处理“长按”事件

要处理“长按”事件，必须准备一个实现 OnLongClickListener 接口的监听对象，并且实现接口定义的 onLongClick（ ）方法。

```
public class MainActivity extends AppCompatActivity
        implements View.OnClickListener, View.OnLongClickListener {
```

```
@Override
public boolean onLongClick(View v) {
    switch (v.getId（ ）){ // 当监听到有按钮长按后使用 switch 关键字与控制的 id 属性来判断按下的按钮是哪一个
      case R.id.button:// 当按下监听到 id 为 button 的按钮按下
        num=0;      // 计数清零
        textView.setText(num+"");
    }
    return true;
}
```

前文介绍的 onClick（ ）不需要返回任何值，但 onLongClick（ ）必须返回一个布尔值，表示是否只要引发“长按”事件，还是也需要在之后手指放开时引发“单击”事件。这是因为“长按”一定是包含在“单击”的过程中，因此必须依靠返回值来告诉系统只要引发“长按”事件就可以了，还是也要引发“单击”事件。若返回 true，表示这次的操作到此结束，因此当用户的手指放开时，就不会引发“单击”事件；若返回 false，就会在用户放开手指时，立刻引发“单击”事件。

长按按钮将计数值归零

请接续前例，让 MainActivity 类多实现一个 OnLongClickListener 接口，并登录到 button 的“长按”事件上。

```
package com.example.example03_ezcounter;

import androidx.appcompat.app.AppCompatActivity;

import android.os.Bundle;
```

```
import android.view.View;
import android.widget.Button;
import android.widget.TextView;

public class MainActivity extends AppCompatActivity
      implements View.OnClickListener, View.OnLongClickListener { //
   private TextView textView; // 用来操作 textView 组件的变量
   private Button button;    // 用来操作 button 组件的变量
   private int num=0;       // 用来存储计数的值，初值为 0

   @Override
   protected void onCreate(Bundle savedInstanceState) {
      super.onCreate(savedInstanceState);
      setContentView(R.layout.activity_main);
      intView（）;// 调用控件初始化函数
   }
   private void intView（）{// 控件初始化函数
      textView=findViewById(R.id.textview);// 找到需要操作的 TextView 对象
      button=findViewById(R.id.button);// 找到需要操作的 Button 对象
      button.setOnClickListener(this);// 设置单击监听对象为 this（this 代表当前
对象）
      button.setOnLongClickListener(this);// 设置长按监听对象为 this（this 代表
当前对象）
   }

   @Override
   public void onClick(View v) {
      switch (v.getId（）){ // 当监听到有按钮按下后使用 switch 关键字与控制的
id 属性来判断按下的按钮是哪一个
         case R.id.button: // 当按下监听到 id 为 button 的按钮按下
            num++;       //num 变量自增
            textView.setText(num+"");//TextView 控件设置输出文本为 num
            break;
      }
   }
```

```
    @Override
    public boolean onLongClick(View v) {
        switch (v.getId ( ) ){ // 当监听到有按钮按下后使用 switch 关键字与控制的
id 属性来判断按下的按钮是哪一个
            case R.id.button:// 当按下监听到 id 为 button 的按钮按下
                num=0;      // 计数清零
                textView.setText(num+"");
        }
        return true;
    }
}
```

由于要处理“长按”事件，因此导入定义长按监听器的接口。

在程序中除前一个范例实现的 OnClickListener 接口外，再增加实现 OnLongClickListener 接口，以便让 MainActivity 对象可以作为长按事件的监听器。

在程序中实现的 onLongClick（ ）方法中，除了将计数值归零，本例因为是要利用长按将计数值归零，长按后不应该再引发“单击”的事件，因此最后返回 true 表示事件已处理完毕。如果改为返回 false，计数值就会在归零后立即加 1，这样程序行为就会出现错误。

3.2.3 范例：监听“触控”事件

前面介绍的“单击”，其实是“按下”再“放开”的动作，而“长按”事件则是“按下”约 1 秒不“放开”。如果想分别检测“按下”与“放开”的动作，则可使用“触控”（onTouch）事件，所使用的接口为 OnTouchListener。本节我们就设计一个程序来检测触控事件，当用户按住屏幕时手机即会开始震动，直到放开或震动 5 秒为止。

onTouch（ ）：触控事件的处理

OnTouchListener 接口中定义有 onTouch（ ）方法，如下所示：

```
public boolean onTouch(View v,MotionEvent e) {
…
}
```

其中，参数 v 是事件来源的对象，而 e 是存储有触控信息的对象，通过调用 e 的方法，就可以获取各项信息。像 e.getAction（ ）方法可以获取触控的动作种类，若返回值为 MotionEvent.ACTION_DOWN，就表示为手指触碰到屏幕；若为 MotionEvent.ACTION_UP，则表示为手指离开屏幕。

onTouch（）必须返回一个布尔值，表示是否要处理后续的触控事件。如果返回 false，表示一直到用户手指放开为止，都不要再处理后续的触控事件。

如何让手机震动

要让手机震动，可执行 getSystemService(Context.VIBRATOR_SERVICE) 来获取 Vibrator 震动对象，此对象有两个常用的方法，下面用程序进行说明。

> **技巧：** Context.VIBRATOR_SERVICE 为 Context 类中所定义的字符串常数，代表震动服务。

```
// 获取震动对象
Vibrator vb = (Vibrator) getSystemService(Context.VIBRATOR_SERVICE);

// 震动与停止
vb.vibrate(5000); // 震动 5 秒（5 000 毫秒）
vb.cancel（）; // 停止震动
```

> **技巧：** 要使用手机的震动功能，还必须先要在程序中登记“震动”的权限才行，方法详见下面的范例。

范例　监听 TextView 的触控事件

步骤 1　请先新建一个名为 example03_Massanger 的项目，并将应用程序名称设为“屏幕震动器”。然后修改 Layout 画面，如图 3-13 所示。

图 3-13　修改 App 名字和 TextView 组件 id

步骤 2　接着打开 MainActivity.java 程序，修改如下：

```
package com.Dome_3_2_3;

import androidx.appcompat.app.AppCompatActivity;

import android.content.Context;
import android.os.Bundle;
import android.os.Vibrator;
import android.view.MotionEvent;
import android.view.View;
import android.widget.TextView;

public class MainActivity extends AppCompatActivity implements View.
OnTouchListener {//
```

```
    private TextView textView;// 用来操作 textView 组件的变量

    @Override
    protected void onCreate(Bundle savedInstanceState) {
        super.onCreate(savedInstanceState);
        setContentView(R.layout.activity_main);
        intView（）;// 控件初始化函数
    }
    private void intView（）{// 控件初始化函数
        textView=findViewById(R.id.textview);// 找到需要操作的 TextView 对象
        textView.setOnTouchListener(this);// 设置触控监听对象为 this（this 代表当前
对象）
    }

    @Override
    public boolean onTouch(View v, MotionEvent event) {
          switch (v.getId（）){// 监听到有控件被触控后使用 switch 关键字与控件的
id 属性来判断哪一个控件被触控
            case R.id.textview:// 当 id 为 textview 的控件被触控
                Vibrator vb = (Vibrator) getSystemService(Context.VIBRATOR_SERVICE);//
执行 getSystemService(Context.VIBRATOR_SERVICE) 来获取 Vibrator 震动对象
                if(event.getAction（）==MotionEvent.ACTION_DOWN){// 判断当控件按下
                    vb.vibrate(5000);// 控件按下手机震动
                }
                else if(event.getAction（）==MotionEvent.ACTION_UP){// 判断当控件抬起
                    vb.cancel（）;// 控件抬起清除震动
                }
                break;
        }
        return true;
    }
}
```

●在 onTouch（）方法中，就利用 MotionEvent 参数的 getAction（）来获取触控动作的种类（按下或放开），以便进行不同的操作。

●要特别留意的是 onTouch（）方法返回 true，表示要处理后续的触控事件，这样才能收到手指放开的触控事件，并实时停止震动。

程序编写好之后，还要登记“震动”的权限，请继续按照下文操作。

在程序中登记“震动”的权限

步骤 3 因为使用到手机的震动功能，还必须在程序中登记“震动”的权限才行，请打开项目根目录中的 AndroidManifest.xml，然后进行如下操作。

> **技巧：**在程序中，凡是使用到会影响用户操作体验（例如震动）或安全性（例如联网、存取文件系统等）的功能，都必须在 AndroidManifest.xml 中登记权限才行（否则程序在执行时会因错误而终止）。当用户在安装程序时，系统会询问用户是否同意授予这些权限给程序，同意后才能进行安装。

加入权限如 3-14 所示。

```
activity_main.xml   strings.xml   MainActivity.java   AndroidManifest.xml

<?xml version="1.0" encoding="utf-8"?>
<manifest xmlns:android="http://schemas.android.com/apk/res/android"
    package="com.example.example03_massanger">
    <uses-permission android:name="android.permission.VIBRATE"></uses-permission>

    <uses-permission android:name="android.permission.VIBRATE" />
    <application
        android:allowBackup="true"
        android:icon="@mipmap/ic_launcher"
        android:label="屏幕震动器"
        android:roundIcon="@mipmap/ic_launcher_round"
        android:supportsRtl="true"
        android:theme="@style/Theme.Example03_Massanger">
        <activity android:name=".MainActivity">
            <intent-filter>
                <action android:name="android.intent.action.MAIN" />

                <category android:name="android.intent.category.LAUNCHER" />
            </intent-filter>
        </activity>
```

图 3-14　震动权限

> **技巧：**按 Ctrl + Shift + Enter 键可自动帮用户完成符合语法的程序语句，例如在 Java 程序中帮用户加结尾的分号，或是在 XML 中加结尾的标签符号。

> **技巧：**之前介绍过的 Alt + Enter 键是用来快速修复错误的，例如帮助用户 import 缺少的程序包。若有多种修复方案，还会列出列表供用户选择。

步骤 4 完成之后，请把程序加载到手机中进行测试(因为仿真器没有震动的能力)。效果：按住文字即会震动，直到放开或过了 5 秒才停止，如图 3-15 所示。

图 3-15　效果显示图

监听整个屏幕的触控事件，以及高级的震动手机方法

上述范例是侦察TextView组件的触控事件,如果想要监听整个屏幕的触控事件,则监听的对象应改为 Activity 对象（由 MainActivity 类所产生的对象）。不过 MainActivity 类是继承自 Activity（或 AppCompatActivity）类，而此类本身已经内建了触控监听功能：当触控事件发生时会调用其内建的 onTouchEvent（ ）方法，因此不需要再另外创建或登录监听对象。

```
public boolean onTouchEvent(MotionEvent event) {
  …
}
```

参数 event 的意义与用法和 onTouch（ ）方法中的参数 e 一样。

另外，Vibrator 的 vibrate（ ）方法也可以指定周期性的震动，例如：

```
// 震动样式数组：{ 停止时间，震动时间，停止时间，震动时间 ...}
vb.vibrate(new long[]{0,100,1000,100},2);
  // 单位是毫秒 (1000 毫秒 = 1 秒 )
// 震动样式 指定在震动一轮后，要从第几个元素开始不断重复
```

以上 vibrate（ ）的第 1 个参数是用一个样式数组来定义如何震动的，第 2 个参数则是指定要从样式数组的第几个元素（由 0 算起）开始不断重复，若设为 –1 则表示不要重复。因此，以上程序的执行效果为：

停 0 秒 — 震 0.1 秒 — 停 2 秒 — 震 0.3 秒 — 停 2 秒 — 震 0.3 秒 ...

以上粗体的部分（第 2、3 元素）会不断重复。请参考以下程序 example03_Massanger, 即可进一步了解如何监听整个屏幕的触控事件，以及高级的震动手机方法。

```
package com.example.example03_massanger;

import androidx.appcompat.app.AppCompatActivity;

import android.content.Context;
import android.os.Bundle;
import android.os.Vibrator;
import android.view.MotionEvent;
import android.view.View;
import android.widget.TextView;

public class MainActivity extends AppCompatActivity implements View.
OnTouchListener {//
  private TextView textView;// 用来操作 textView 组件的变量

  @Override
  protected void onCreate(Bundle savedInstanceState) {
    super.onCreate(savedInstanceState);
    setContentView(R.layout.activity_main);
    intView（ ）;// 调用初始化控件函数
  }
  private void intView（ ）{// 控件初始化函数
    textView=findViewById(R.id.textview);// 找到需要操作的 TextView 对象
    textView.setOnTouchListener(this);// 设置触控监听对象为 this（this 代表当前
```

```
对象）
   }

   @Override
   public boolean onTouch(View v, MotionEvent event) {
       switch (v.getId（）){// 监听到有控件被触控后使用 switch 关键字与控件的
id 属性来判断哪一个控件被触控
           case R.id.textview:// 当 id 为 textview 的控件被触控
               Vibrator vb = (Vibrator) getSystemService(Context.VIBRATOR_SERVICE);//
执行 getSystemService(Context.VIBRATOR_SERVICE) 来获取 Vibrator 震动对象
//                if(event.getAction（）==MotionEvent.ACTION_DOWN){// 判断当控件
                  按下
//                    vb.vibrate(5000);// 控件按下手机震动
//                }
//               else if(event.getAction（）==MotionEvent.ACTION_UP){// 判断当控件抬起
//                    vb.cancel（）;// 控件抬起清除震动
//                }
               if(event.getAction（）==MotionEvent.ACTION_DOWN){// 判断当控件按下
                   vb.vibrate(new long[]{0,100,1000,100},2);// 每秒震动 0.1 秒，不断重发
               }else if(event.getAction（）==MotionEvent.ACTION_UP){// 判断当控件抬起
                   vb.cancel（）;// 控件抬起清除震动
               }
               break;
       }
       return true;
   }
```

项目 4 用户界面基本控件

4.1 单选按钮（RadioButton 与 RadioGroup 控件）

getCheckedRadioButtonId（）：读取单选按钮状态

由于 RadioButton 通常是组合在 RadioGroup 之下，因此在程序中要判断用户选取了哪一个 RadioButton，可通过 RadioGroup 的 getCheckedRadioButtonId（）方法获取被选取 RadioButton 的资源 ID。接着利用 if/else 语句就可以决定程序的走向。

4.1.1 范例：读取 RadioGroup 选取的选项

第一个范例先练习创建含有 3 个 RadioButton 的 RadioGroup，并用程序读取用户选取的选项。

步骤 1 请创建新项目“Dome_4_1”如图 4-1 所示，进入布局编辑器后，先设置默认的 Textview 的 id 并移动到屏幕中央，然后加入一个按钮组件。

步骤 2 接着加入 RadioGroup 组件，然后放入 3 个 RadioButton 组件，如图 4-2 所示，请一一设置 RadioButton 的属性，如图 4-3 所示。

步骤 3 打开 MainActivity 程序文件，加入按钮 onClick 属性所对应的 show（）方法。

（1）第 2、3 行分别用 findViewById（）获取代表布局中的 TextView 及 RadioGroup 的对象。

（2）第 7 ~ 17 行利用 swith/case 结构判断 getCheckedRadioButton（）方法的返回值，并根据用户选取的选项，显示不同的信息。

步骤 4 将程序部署到手机或者仿真器上进行测试，效果如图 4-4 所示。

图 4-1　创建项目

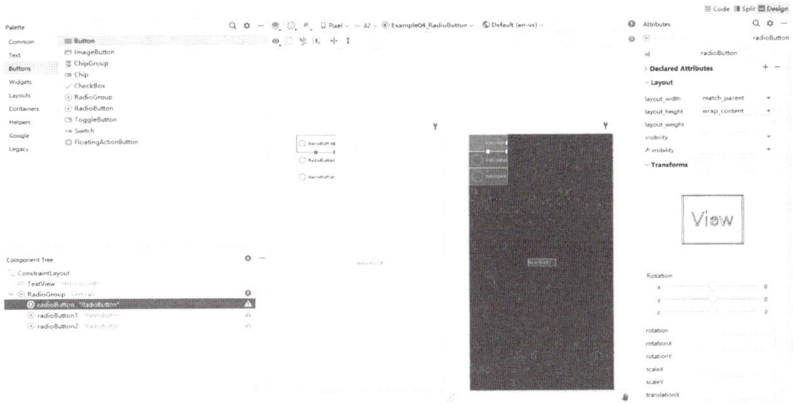

图 4-2　加入 RadioButton 组件

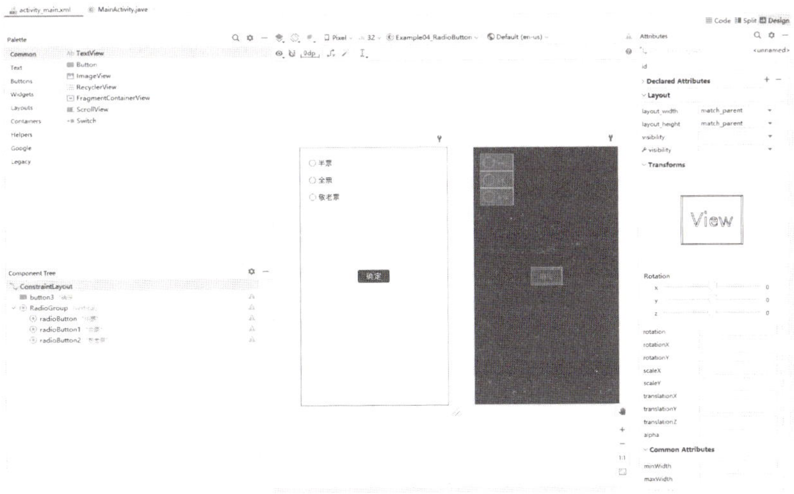

图 4-3　设置 RadioButton 组件属性

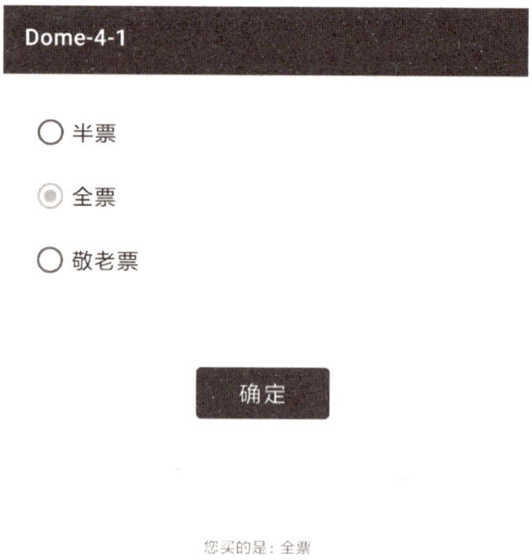

图 4-4　效果图

4.1.2　范例：利用 RadioButton 制作温度转换程序

以下就利用刚刚介绍的内容，用单选按钮实现一个简单的温度转换程序，程序提供 2 个选项，可选择要输入摄氏温度或华氏温度，此范例还会使用另一个技巧：实现文本输入栏的输入事件（TextWatcher 接口）的监听对象，让程序可在用户输入任何数值时，立即进行换算。

步骤 1　请创建新的项目“Dome_4_1_2”，将 App 的名称设置为“温度换算助手”。在画面中需要显示℃、F 温度符号，一种方式是使用 Unicode 特殊字符，另一种方式是使用图案。此处选用第一种方式，并将它创建字符串资源。请打开项目中的 res/values/strings.xml，如 4-5 所示创建字符串项并输入 Unicode。

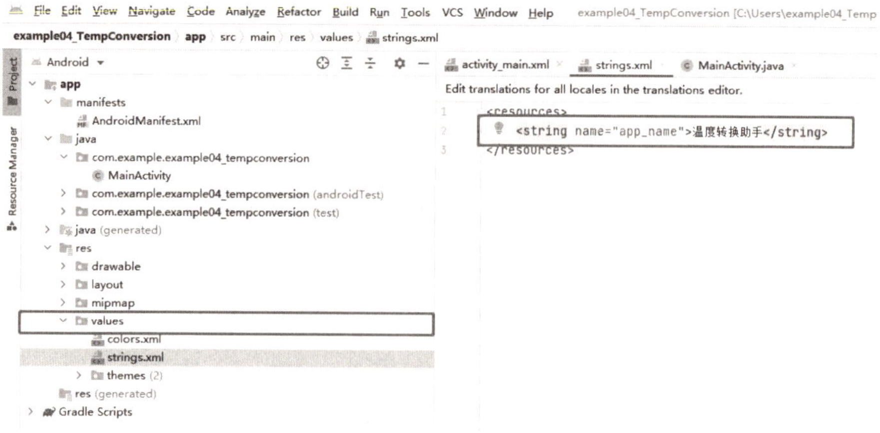

图 4-5　输入 Unicode 字符

步骤 2　进入 Layout 设计界面后，将最上层 Layout 换成 LinearLayout(vertical)，加入 3 行 LinearLayout(horizontal)，并加入如图 4-6 所示的组件。

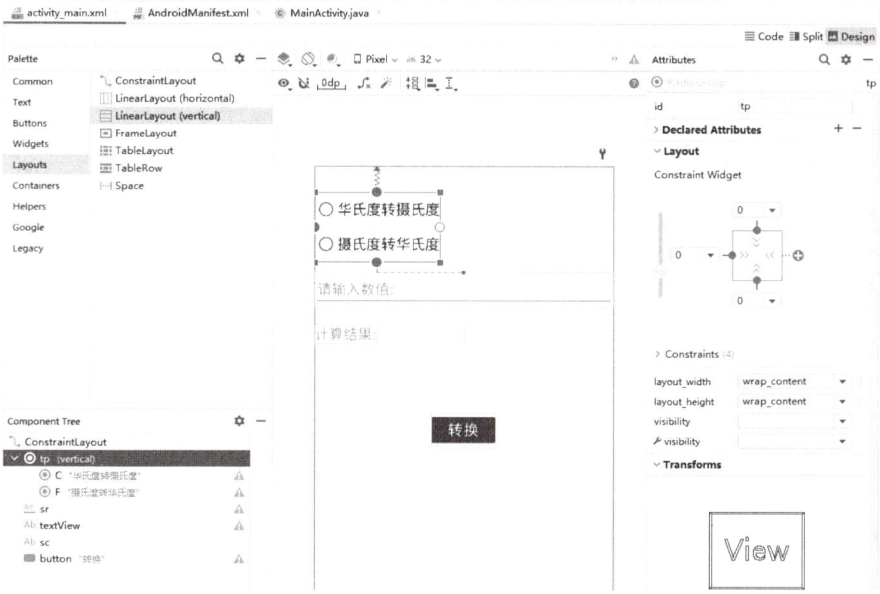

图 4-6　更换布局

设置组件对外及对内的对齐方式：Gravity 属性。

Gravity 意为重力或地心引力，其实就是用来设置对齐方式，可分为对外及对内两种属性：

- layout_gravity 组件相对于外部容器的对齐方式，例如将其 center 子属性设为 both，那么该组件就会置于外部容器的正中央。
- gravity：组件内部数据的对齐方式，例如前面的范例中将 TextView 的 gravity 设为 center，会使其内的文字居中对齐。

步骤 3　设计好用户界面并保存后，请打开 MainActivity.java 文件。先在 MainActivity 类开头加入如下变量声明，并于 onCreate ( ) 方法中设置初值。

```
public class MainActivity extends Activity
    Implements RadioGroup.OnCheckedChangeListener,TextWatcher{
  RadioGroup unit;          单选按钮群组字段
  EditText  Value;

   @Override
```

```
06 protected void onCreate(Bundle savedInstanceState) {
07     super.onCreate(savedInstanceState);
08     setContentView(R.layout.activity_main);
09
10     unit = (RadioGroup)findViewById(R.id.unit);      获取单选按钮群组
11     unit.setOnCheckedChangeListener(this);       设置 this 为监听器
12
13     value = (EditText) findViewById(R.id.unit)      设置字段
14     value.addTextChangedListener(this);         设置 this 为监听器
15     }
16 }
…
```

•第 1 行声明实现 RadioGroup.OnCheckedChangeListener 和 TextWatcher 接口后，编译器会在 MainActivity 下面显示红色波浪线，表示还未实现接口中的定义方法，稍后实现这些方法后，红色波浪线就会显示。

•第 11 行使用前面介绍的 setOnCheckedChangeListener（ ）方法，将 this 设为选项变动事件的监听器。

•第 14 行是用 addTextChangedListener（ ）方法，将 this 设为 EditText 文字变动事件的监听器。

TextWatcher 接口可针对文字变动事件进行处理，用户可以对 EditText 组件调用 addTextChangeListener（ ）注册 TextWatcher 的监听器（如上面程序的第 14 行）。TextWatcher 接口有 3 种方法，如表 4-1 所示，按被调用的顺序分别是：

表 4-1　TextWatcher 接口的 3 种方法

方法名称	被调用时机
beforeTextChanged（ ）	在文字即将变动之前
onTextChanged（ ）	在文字刚变动完成时
afterTextChanged（ ）	在文字变动完成后

在范例中只需获取变动后的文字内容，只需用到 affterTextChanged（ ）方法即可，但请注意，实现接口时，必须完整实现接口的所有方法，所以另外 2 种方法虽然不会用到，仍需在程序中列出，但方法中可以没有任何程序（参加范例的程序片段）。

步骤 4　实现 RadioGroup.OnCheckedChangeListener 接口的 onCheckedChanged（ ）方法，以及 TextWatcher 接口的 3 种方法。请将插入点移到如图 4-7 所示的前面程序第 1 行有红色波浪线的地方，然后按 Alt+Enter 键来自动加入各个接口所需的方法。

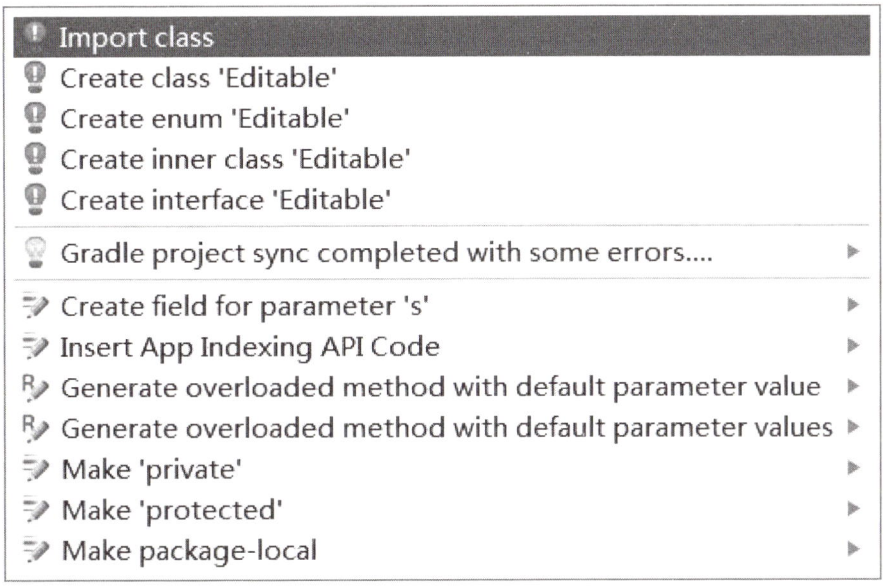

图 4-7　加入各个接口所需方法

在 onCheckedChanged（ ）与 afterTextChanged（ ）中要做的事情都是进行温度换算的操作，所以在此将实际的换算操作另外独立完成自定义的 calc（ ）方法，在监听的方法中只加入调用 calc（ ）的语句。

```
public void afterTextChanged(Editable arg0){
  calc ( ) ;
  }

public void beforeTextChanged(CharSequnce arg0,int arg1,int arg2,
               int arg3) {
   //TextWatcher 接口的方法，此处不会用到
  }

public void onTextChanged(CharSequnce arg0,int arg1,int  arg2,
               int arg3)
               //TextWatcher 接口的方法，此处不会用到
  }

  public void onCheckedChanged (RadioGroup arg0,int arg1){
     calc;
 }
```

•第 1 ~ 3 行是我们要用到的 afterTextChanged（），从名称可以看出，此方法是在文字改变“之后”才会被调用的。TextWatcher 接口定义的另外 2 种方法在本范例中不会用到。

•第 2 ~ 15 行调用自定义方法 calc（），下一步就会实现此方法的内容。

步骤 5 实际进行换算单位的程序都放在自定义的方法 calc（）之中，所以前述的事情处理方法都只需要调用 calc（），就可在适当时机（用户选取不同的单位，改变数字时）立即进行换算，请在刚才输入的程序后面继续输入如下自定义方法 calc（）。

```
01 protected void calc（）{
02 // 获取文本框
03  TextView degF= (TextView) findViewById(R.id.degF);
04  TextView degC= (TextView) findViewById(R.id.degC);
05
06
07
08   if(unit.getCheckedRadionButtonId（）==R.id.unitF){
           // 若选择输入华氏温度
09
10   f=Double.parseDouble(value.getText（）.toString（）);
11     c=(f-32)*5/9;         // 华氏 => 摄氏
12     }else{  // 若选择输入摄氏温度
13     c=Double.parseDouble(value.getText（）.toString（）);
14
15     f=c*9/5+32;       摄氏 => 华氏
16  }
17
18      degC.setText(String.format("%,1f",c)+   // 只显示到小数点最后一位
19          getResources（）.getString(R.string.charC));
   // 从字符串资源加载℃符号
20      degF.setText(String.format("%,1f",f)+   // 只显示到小数点后一位
21          getResources（）.getString(R.string.charF));
   // 从字符串资源加载℉符号
22   }
```

•第 3、4 行先获取显示温度值的 TextView 对象。

•第 8 ~ 16 行就是根据用户选择摄氏或华氏时，进行不同的计算。第 8 行调用 getCheckedRadioButtonId（）获取当前被选取的 RadioButton 的资源 ID 值，并与 R.id.UnitF 对比：若相等，就用输入的华氏温度值算出摄氏温度；若不等，则用输入的摄氏温度值算出华氏温度。

- 第 18 ~ 20 行用 setText ( ) 设置要输出的温度值字符串。温度值字符串由温度值和温度符号相连而成。因为换算的结果可能有好几位小数的字符串（String.format ( ) 参数的说明请参见后面的内容）
- 第 19 ~ 21 行是加载字符资源的方法，getResources ( ) 是 Sctivity 内建的方法，它会返回 Resource 类的对象，通过此对象可访问应用程序本身的资源。例如，使用字符串的资源 ID 为参数调用此对象的 getString ( ) 方法，就会返回该字符串的方框。

使用 String.format () 方法进行格式化输出

若用户需要将整数、浮点数等数据转成字符串的形式输出，虽然可使用对应的 Integer、Double 等类的 toString ( ) 方法，不过如需指定输出的格式，例如不显示小数、最多只能显示 2 位小数、开头需要加正负号等，此时使用“格式化输出”功能比较方便。

要进行“格式化输出”，可以通过 String.format ( ) 方法，此方法第 1 个参数是所谓的格式化字符串，字符串中可包含一般字符串内容以及格式化参数。以前文范例程序用到的“%.1f”字符串为例，其中“%.1f”就是格式化参数，意思是说此处要转化为字符串的是浮点数 (f)，而格式为限制最多显示小数点后 1 位 (.1)，至于要被转化的浮点数就放在格式化字符串之后，如图 4-8 所示。

```
String.format("%.1f", x);
```

x 的值代入格式化参数，并转成指定的格式

例：

```
String.format("%.1f", 3014159);   ←——   返回字符串“3.1”
String.format("%d 是质数", 17);   ←——   返回字符串“17 是质数”
```

%d 代表要转换的是整数

图 4-8　格式化字符串

字符串中要格式化多个变量，可在格式化字符串中列出各变量的格式化参数，而各个变量也可一一列在 format ( ) 方法中。

步骤 6　执行程序，即可测试单选按钮功能，效果图如图 4-9 所示。

> **技巧：**范例程序并未检查 EditText 组件有无输入内容，若有输入内容就切换温度选项，会使 calc ( ) 方法中取温度值的语句发生例外 (Exception)。先判断 EditText 组件有无输入内容，若无输入内容就不进行处理。

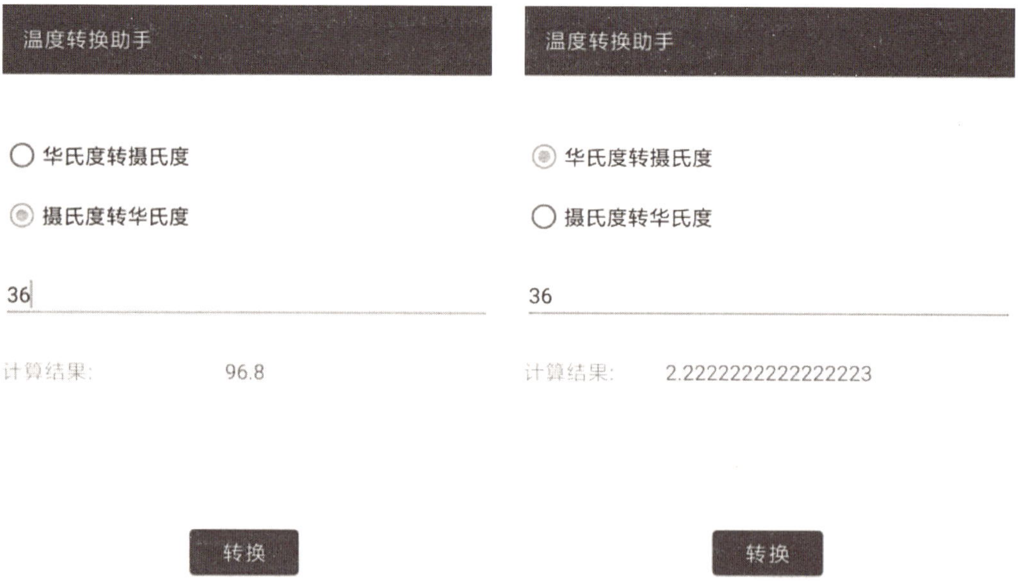

图 4-9　效果图

4.2　复选框

复选框（Checkbox）和单选按钮的用法很相似，要检查复选框是否被选取，只要用其对象调用 isChecked（）方法，它会返回 true 或 false，表示当前是被勾选或取消（未被选中），如图 4-10 所示。

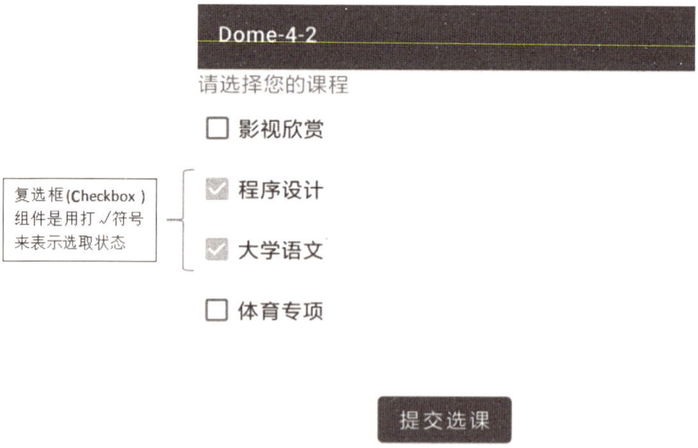

图 4-10　复选框选取

4.2.1　范例：复选框创建选课程序

以下就用复选框和 isChecked ( ) 方法创建一个简单的选课范例，用户可任意选取所需要的选项，单击提交选课时，程序会列出所选中的课程，如图 4-11 所示。

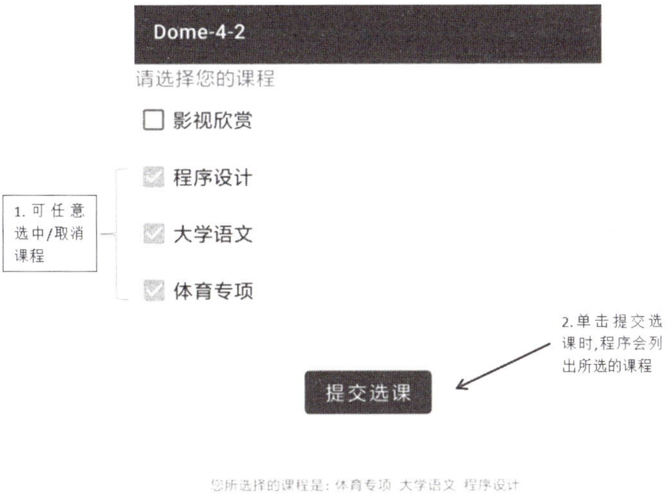

图 4-11　信息显现

步骤 1　请创建新项目“Dome_4_2”。

步骤 2　进入图形化编辑器后，先清除预建内容，改用 LinearLayout(Vertical)，并加入图 4-12 中选项。

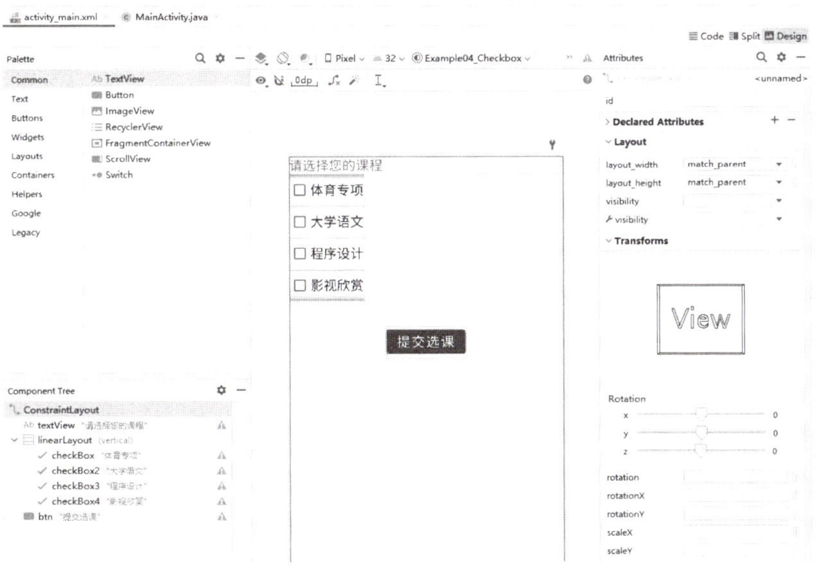

图 4-12　更改布局并加入组件

步骤 3 打开 MainActivity.java，我们要编写的程序仅有处理按钮事件的 takeOrder( ) 方法。 在此方法中以循环逐一调用各复选框的 isChecked ( ) 方法，若已被选取就将其文字加到文本框中显示。请在 onCreate ( ) 方法之后的空白处 (必须在 MainActivity 的大括号内) 加入如下程序：

```
01 public void takeOrder(View v){
02   CheckBox chk;
03   String msg=" ";    // 存放要显示在画面上的显示文字信息
04  // 用数组存放所有 CheckBox 组件的 ID
05   int[] id ={R.id.chk1,R.id.chk2,R.id.chk3,R.id.chk4};
06
07   for(int i:id){     // 以循环逐一查看各 CheckBox 是否被选取
08       chk = (CheckBox)findViewById(i);
09       if (chk.isChecked ( ) )       // 若被选取
10          msg+=" \n"+chk.getText ( ) ;  // 将换行字符和选项文字
11     }                              // 附加到 msg 字符串后面
12    if(msg.length ( ) >0)  // 请选择（字符串长度大于 0）
13    msg=" 您选择的是：" +msg;
14   else
15    }
16 }
17
18  // 在文本框显示点购的选项
19  ((TextView)findViewById(R.id.showOrder)).setText(msg);
20}
```

- 第 5 行声明一个整数数组，其内容就是每个复选框的资源 ID。
- 第 7 ~ 11 行以 for 循环逐一用数组中的资源 ID 调用 findViewById ( ) 获取复选框对象，并调用 isChecked ( ) 方法查看它是否被选取。若被选取，就调用 getText ( ) 方法获取其文字 (餐点名称)，连同换行字符 "\n" 一起附加到 msg 字符串，所以显示 msg 字符串时，每个餐点名称会列在单独一行 (见图 4-13)。
- 第 12 行判断 msg 字符串长度是否大于 0 (若大于 0 表示循环添加了内容到字符串，也就是点餐了)，并根据结果设置信息字符串。
- 第 19 行获取文本框对象显示信息。

步骤 4 将程序放到仿真器、手机上执行，并测试结果，如图 4-13 所示。

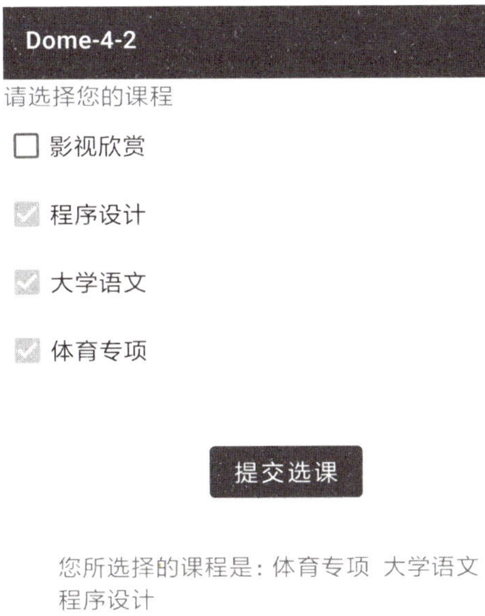

图 4-13　效果图

onCheckedChangeed（）：选取 / 取消复选框的事件

前一个例子只使用了 isChecked（）检查复选框状态，本节继续使用 setonCheckChange-Listener（）方法来设置选取 / 取消的事件监听对象。

使用单选按钮时，只要用 RadioGroup 对象设置好监听对象，就可监控同一组或几个 RadioButton 的选取事件；但是复选框可独立被选取 / 取消，因此我们需要分别为每个复选框设置监听对象，如图 4-14 所示。

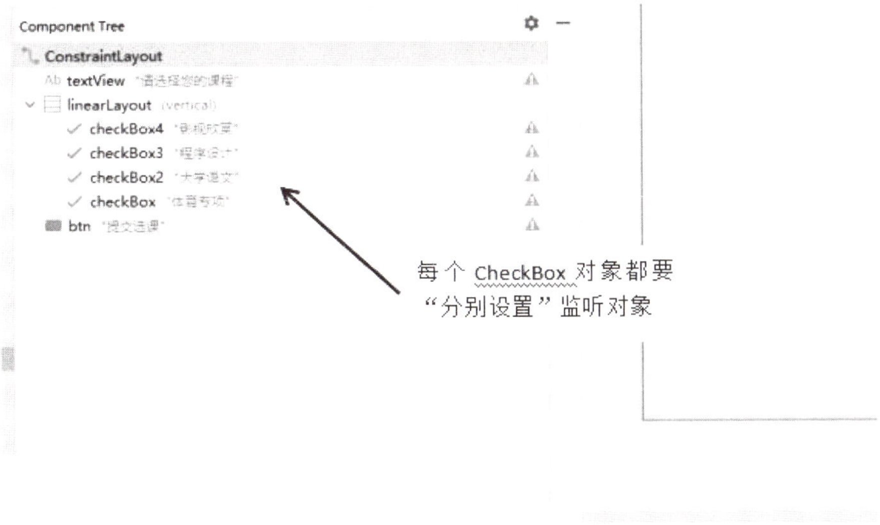

图 4-14　为组件设置监听对象

CheckBox 选取 / 取消的事件监听接口为 CompundButton。onCheckedChangeListener，此接口只有一个方法，如图 4-15 所示。

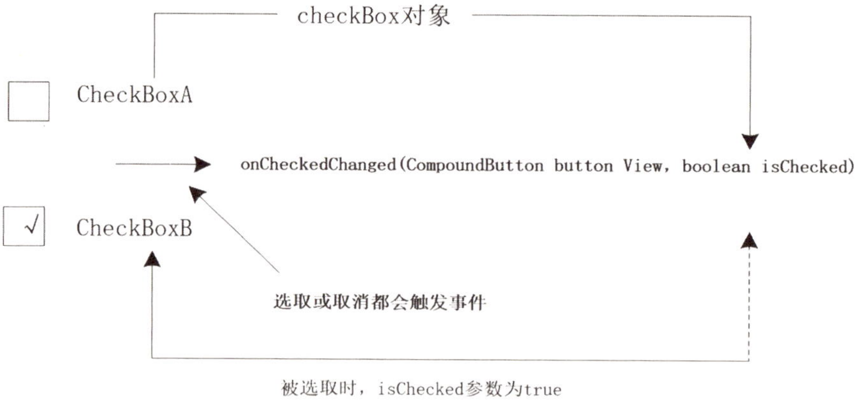

图 4-15　CheckBox（ ）方法示意

4.2.2　范例：利用选取事件实时修改选单

步骤 1　复制“Dome_4_2”项目为“Dome_4_2_2”，然后将 app_name 字符串改为“CourseMenu 事件处理”。

步骤 2　接着打开 res/layout/main_activity.xml, 按图 4-16、图 4-17 中操作复制出新的选项内容。

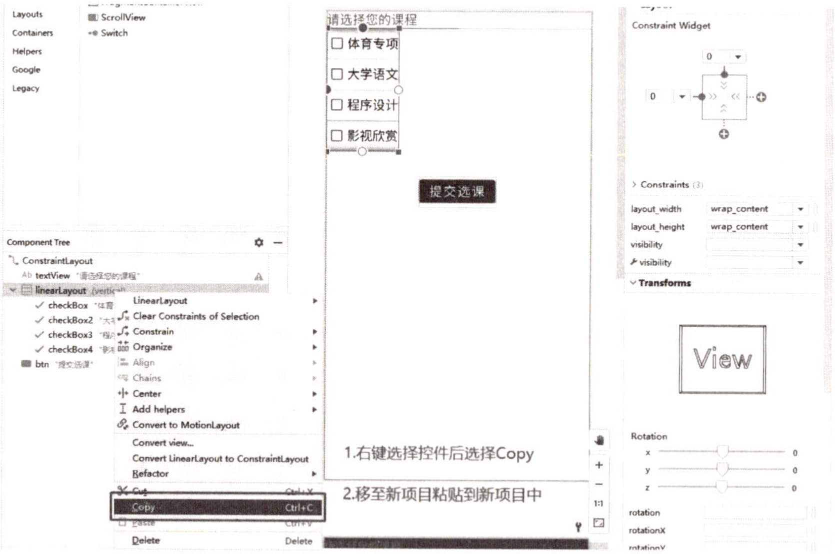

图 4-16　复制组件

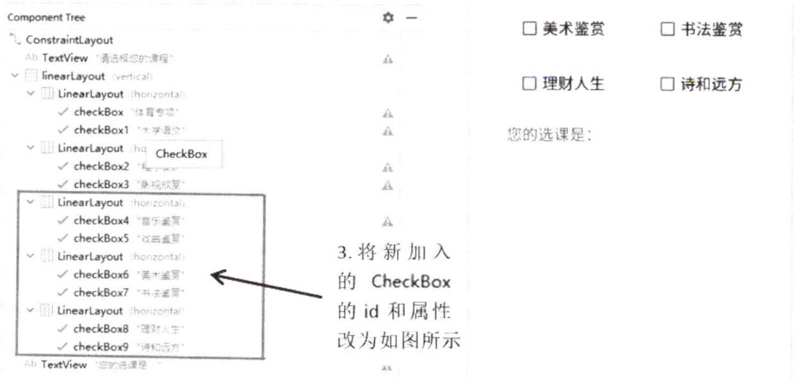

图 4-17　修改属性设置

步骤 3　若仍要按照前一个范例的做法，在 TextView 中列出用户点的餐点，由于这次加入了多个餐点选项，在屏幕画面较“短”的手机上，可能会使选项列表超出屏幕的画面范围，所以要用 ScrollView 组件包住（Wrap）TextView，让用户可以滚动 TextView 的内容，操作方式如图 4-18、图 4-19 所示。

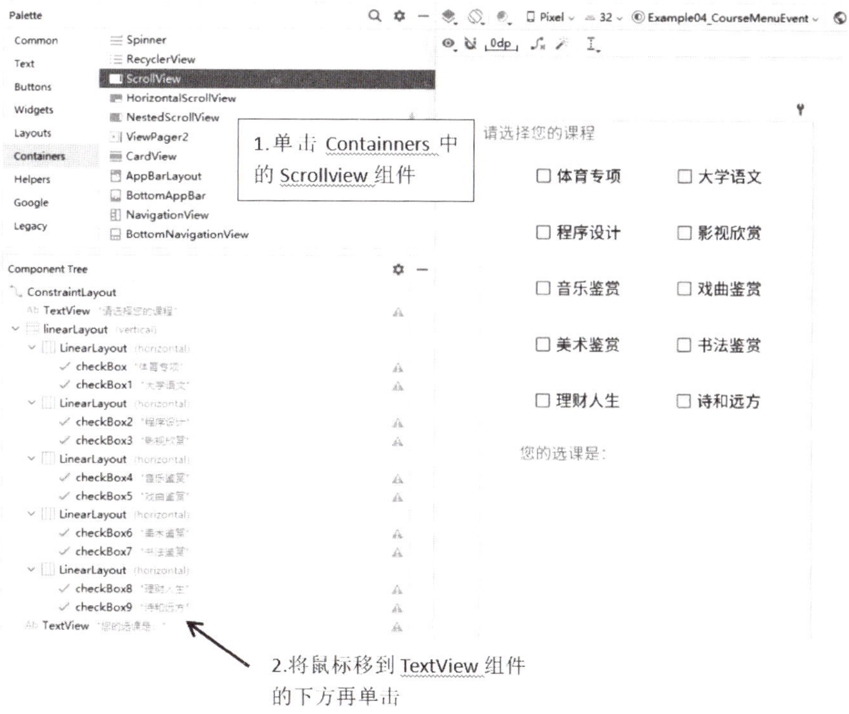

图 4-18　加入 ScrollView 组件

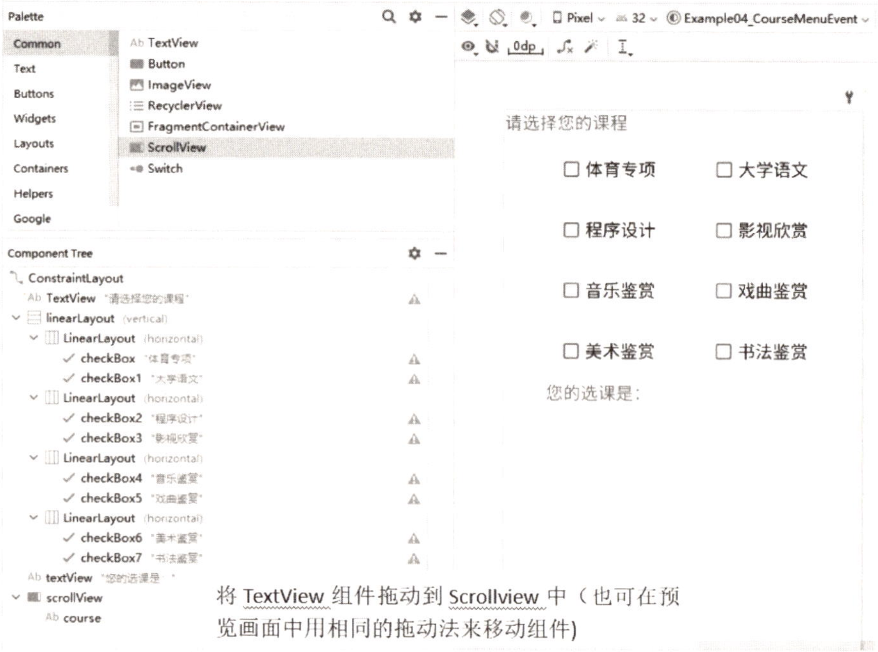

图 4-19　将 TextView 组件拖动至 ScrollView 中

将 TextView 包在提供滚动功能的 ScrollView 中，如此一来当 TextView 显示行数超过屏幕大小时，用户将可以滚动 TextView 的内容（参见后面的执行结果）。

步骤 4　打开 MainActivity.Java，如下所示，在类加入：

“implements CompoundButton.OnCheckedChangeListenter”声明（注意别选错，不是单选按钮的 RadioGroup.OnCheckedChangeListener），接着在声明上（会有红色波浪线）按 Alt+Enter 键加入接口所需的方法，然后在 onCreate（ ）将 this 注册为所有 CheckBox 的监听器。

```
public class MainActivity extends AppCompatActivity
      implements CompoundButton.OnCheckedChangeListenter {

 @Override
 protected void onCreate (Bundle savedInstanceState) {
   super.onCreate(savedInstanceState);
   setContentView(R.layout.activity_main);

        // 所有复选框的 ID 的数组
        int[ ] chk_id={R.id.chk1，R.id.chk2，R.id.chk3，R.id.chk4，R.id.chk5，
```

```
10                                    R.id.chk6, R.id.chk7, R.id.chk8};
11
12          for (int id;chk_id){          用循环为所有复选框注册监听对象
13            CheckBox          chk=(CheckBox)  findViewById(id);
14            chk.setOnCheckedChangeListenter(this);
15              }
16      }
17
...
```

●第 1 行声明实现 OnCheckedChangeListener 接口，由于有同名的接口，此时要选用 CompoundButton。

●第 9、10 行仿照前一个范例，声明一个包含所有 CheckBox 的资源 ID 值的整数数组。

●第 12 ~ 15 行利用 for 循环，逐一用数组中的资源 ID 值获取 CheckBox 对象，并注册其监听对象为 Activity 本身。

步骤 5　通过 onCheckedChange（ ）的参数，就能得知用户点什么餐点或取消了什么餐点，并在程序中记录下来。在此我们要使用 Java 语言内建的集合对象 ArrayList 来存放当前选取的 CheckBox 对象。

```
01  // 用来存储已被选取选项的集合对象
02  ArrayList<CompoundButton>selected=new ArrayList<>（ ）;
03
04  public void onCheckedChanged(CompoundButton buttonView,boolean isChecked){
05
06   if (isChecked)   // 若选项被选取
07   selected.add(buttonView);  // 加到集合之中
08   else     // 若选项被取消
09   selected.remove(buttonView); // 从集合中删除
10   }
```

●第 2 行在 MainActivity 类中加入一个 ArrayList，在选取事件的方法和按钮事件的方法中都会用到它，所以将它声明于方法之外。<...> 是声明此集合对象所存放的数据类型，此处的 ArrayList<CompoundButton> 表示这个集合是存放 CompoundButton(CheckBox 的父类) 对象。

● 第 4 行就是 onCheckedChanged（ ）方法。在此可看到方法的第 1 个参数是 CompoundButton 类型，CompoundButton 为 CheckBox 的父类；这是第 2 行声明

ArrayList<CompoundButton> 的原因，如此在方法中就能直接将参数对象加入 ArrayList 中。如果将 ArrayList 对象声明为 ArrayList<CheckBox>，则在此方法中，要先将 CompoundButton 对象强制类型转型为 CheckBox 对象，才能将它加入 ArrayList 对象中。

● 第 6 行先判断传入的参数 isChecked: 若为 true 表示用户选取了该 CheckBox，所以在第 7 行用 add（ ）方法将它加到集合之中。若是 false 表示取消，所以在第 9 行用 remove（ ）方法将它从集合中删除。

步骤 6 最后要调整按钮事件方法 takeOrder（ ）的内容，takeOrder（ ）方法把 ArrayList 中的每个对象的文字取出并显示。

```
01  public viod takeOrder(View v)  {
02  String msg=" ";      存储信息的字符串
03
04   for (CompoundButton)  chk:selected)    // 以循环逐一将一行字符及
05       msg +="/n"+chk.getText（ ）；  // 选项文字附加到 msg 字符串后面
06
07    if(msg.length（ ）>0)
08         msg=" 您选择的课程是：  "+msg;
09    else
10         msg=" 请选择！  ";
11
12    // 在文本框中显示点购选项
13    ((TextView)findViewbyId(r.id.showOrder)).setText(msg);
14     }
```

● 第 4 行利用 for 循环读取的 selected 集合中的所有 CompoundButton(CheckBox)，因为只有已被选取的选项会加到集合中，所以此处直接用 getText（ ）获取其文字，并连同换行字符附加到 msg 字符串后。此部分的处理及后续显示的操作都和以前一个范例相同。

步骤 7 将程序部署到仿真器或手机上执行，测试其监听对象和 ScrollView 的效果，如图 4-20 所示。

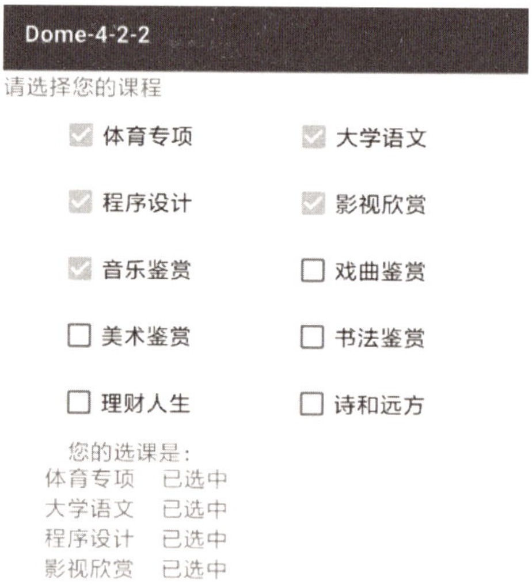

图 4-20 效果图

4.3　Spinner 选单

Android 中的 Spinner 选单组件，是以下拉菜单或对话框方式来列出选项，供用户选取。

> **技巧：**在 Android3.0 以上的系统，将 Spinner 组件的 spinnerMode 属性设置为”dialog”（默认“dropdown”），也可以改为以对话框方式呈现。

getSelectedItemPosition（）读取 Spinner 组件的选取项

要在程序中获取用户在 Spinner 组件中选取的选项，可使用 getSelectedItemPosition（）方法获取该选项的索引编号（从 0 开始）。

通过这种方式，就能得知用户的选择，并在程序中做进一步的处理。

范例：日历程序

步骤 1　新建项目“Dome_4_3”。

步骤 2　进入项目以后，打开 res/values/strings.xml，创建字符串数组 (String Array)，如图 4-21 所示。

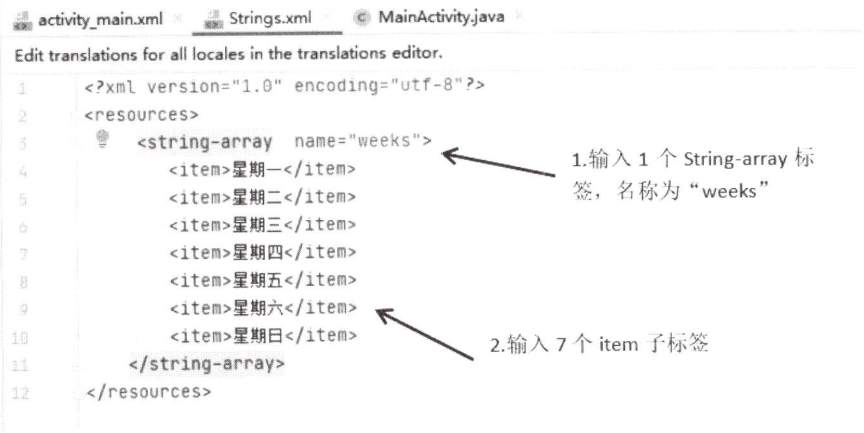

图 4-21　创建字符串数组

步骤 3　回到布局编辑器，加入 Spinner 和 Button 组件，如图 4-22 所示，并设置 Spinner 组件属性如图 4-23 所示。

技巧：在 XML 文件中存取字符串数组的写法为“@array/ 数组名”，在程序中存取字符串数组的写法为“R.array. 数组名”。

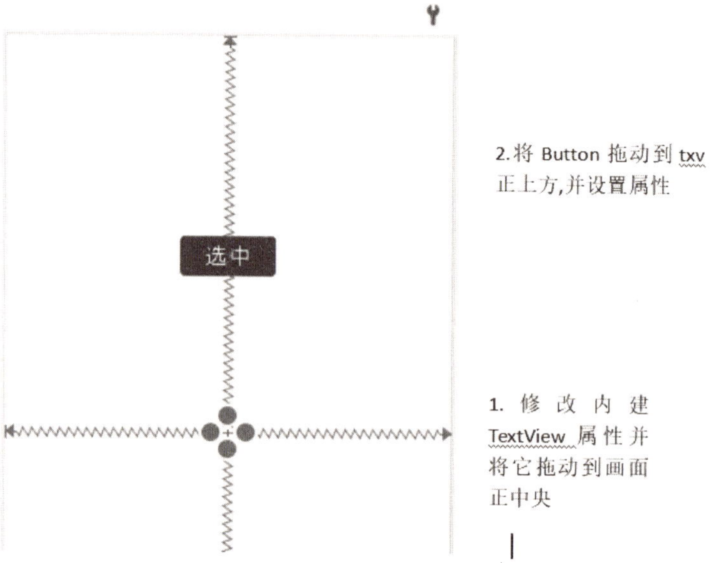

图 4-22　分别加入 Spinner 和 Button 组件

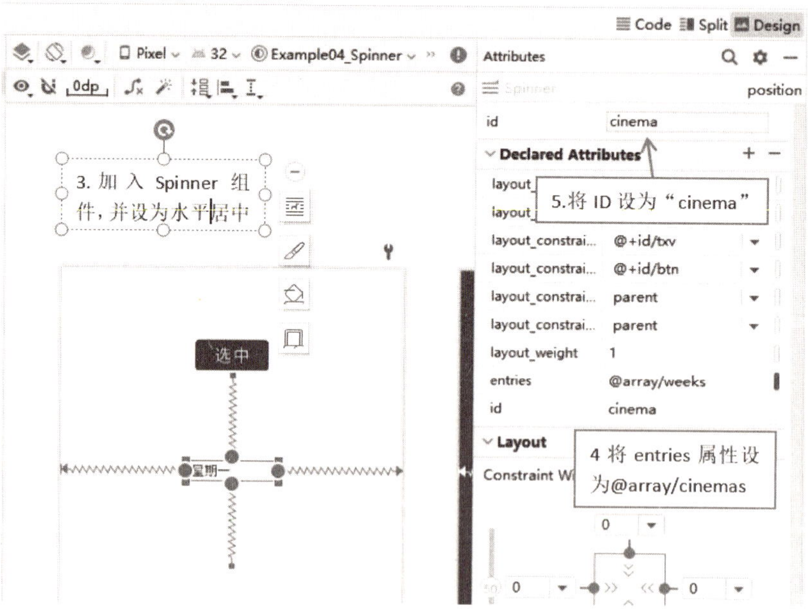

图 4-23　设置 Spinner 组件属性

步骤 4　打开 MainActivity.java，加入按钮的 order ( ) 方法：

```
01  public class MainActivity extends AppCompativity{ }
02  TextView txv;
03  Spinner cinema;   // 显示戏院列表的 Spinner 对象
04  @Override
05  protected void onCreate(Bundle savedInstanceStata){
06      super.onCreate(savedInstanceStata);
07      setContentView(R.layout.activity_main);
08
09      txv = (TextView)findViewById(R.id.txv);   // 获取 TextView 对象
10      cinema`=(Spinner)findViewById(cinema);   // 获取 Spinner 对象
11    }
...
20  public void order (View v){
21    String [ ]cinemas=getResources ( ) .   // 获取字符串资源中的字符串数组
22              getStringArray(R.arraycinemas);
23
24    int index=cinema.getSelectedItemPosition ( ) ; // 被选取选项的位置
25    txv.setText(" 订 "+cinemas[index]+" 的票 ");  // 显示选取的选项
26                }
27    }
```

●第 2、3 行在类中声明所要用到的对象变量，并在第 9、10 行用 findViewById ( ) 获取对象设置变量初值。

●第 21、22 行是通过程序获取资源中的 cinemas 字符串数组。只要使用 Activity 类的 getResources ( ) 方法，即可返回可读取资源的 Resource 类对象。通过 Resource 类定义的 getStringArray ( ) 方法，就可以获取指定资源 ID 的字符串数组。

步骤 5　将程序部署到手机、仿真器上测试结果。

4.4　ListView

范例：使用 ListView 创建选单

ListView(列表框)是以列表的方式显示数据的组件，其用方法和 Spinner 类似，只要将列出的选项先创建成字符串数组资源，再赋值 entries 属性，程序执行时 ListView 就会为我们自动列出数组内容，如图 4-24 所示。

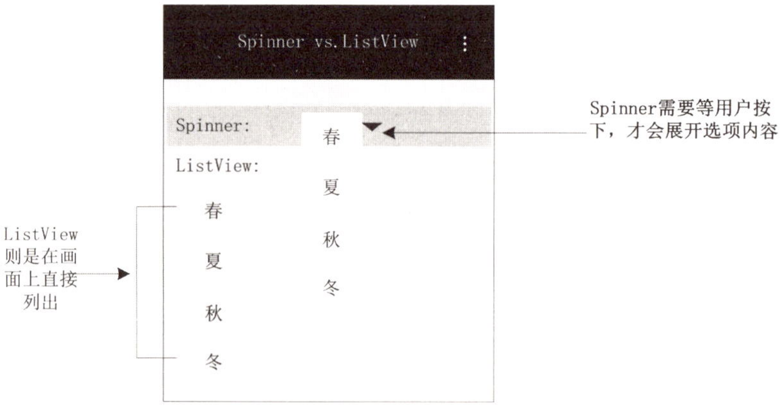

图 4-24　使用 ListView 创建菜单

OnItemClick（）：ListView 的单击事件

虽然 ListView 的用法和 Spinner 非常相似，但 ListView 的默认行为没有选取事件。用户按下列选项触发的是单击事件，而非选取事件。要监听此事件，必须用如下方法设置。

```
// 设置单击事件的监听对象
setOnTenmClickListener（…）
```

监听对象参数需实现的接口 OnTenmClickListener，必须实现的方法只有 1 个，如图 4-25 所示。

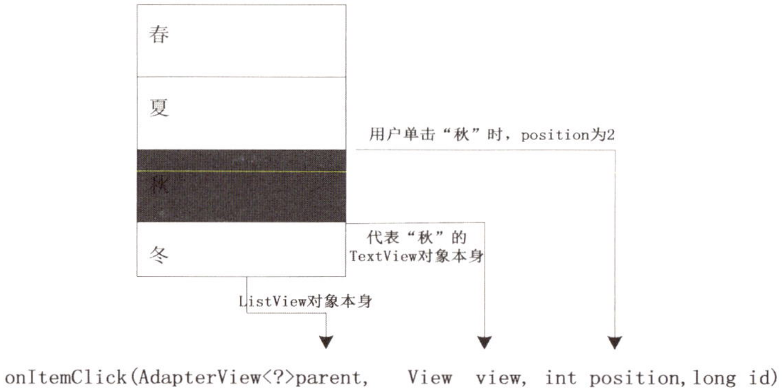

图 4-25　实现的接口 OnTenmClickListener 方法

技巧： ListView 和 Spinner 都是继承自 AdspterView 类，各种事件的设置方法，也都是继承自 AdspterView。选取、单击事件方法的第 1 个参数都是 AdspterView 类型，代表对象本身。

范例：使用 ListView 创建选单

此处就利用字符串资源创建 ListView 列表（见图 4-26），以及实现 OnItemClickListener 监听对象来设计和前文类似的点餐程序。程序设计成“单击”作为选取，若再“单击”则是取消选取。

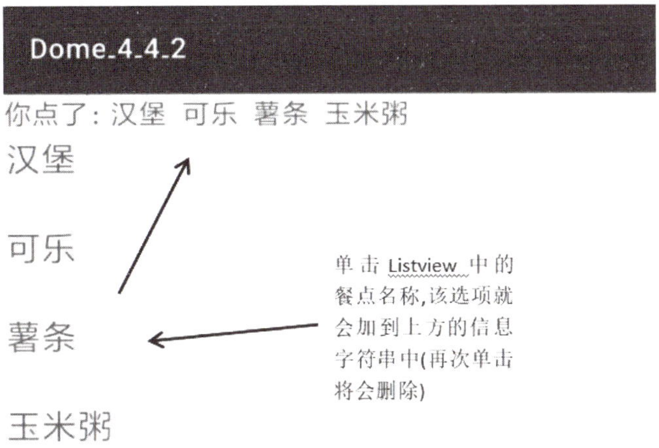

图 4-26　利用字符串资源创建 ListView 列表

步骤 1　请创建新项目“Dome_4_4_2”，参考本节的范例先在 res/values/string.xml 中创建字符串数组，并在其中输入餐点名称，如图 4-27 所示。

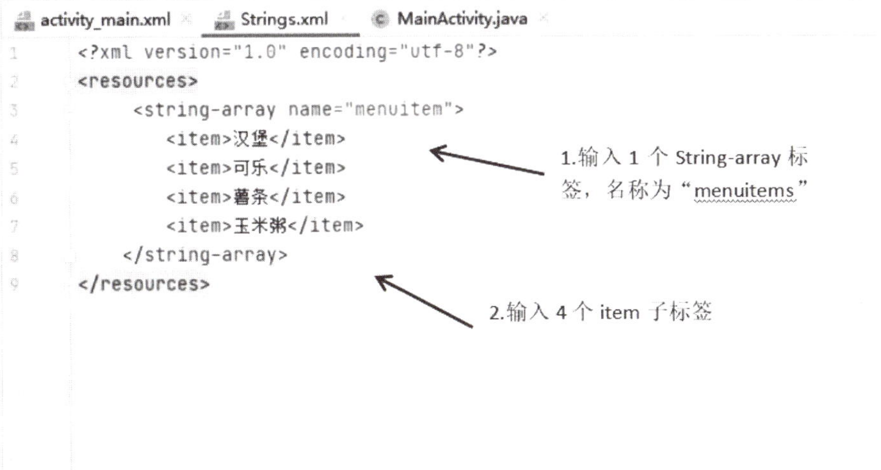

图 4-27　创建字符串数组，并在其中输入餐点名称

步骤 2　进入布局编辑器后，将默认的 RelativeLayout 换成 LinearLayout（Vertical），如图 4-28 所示加入 ListView 组件。

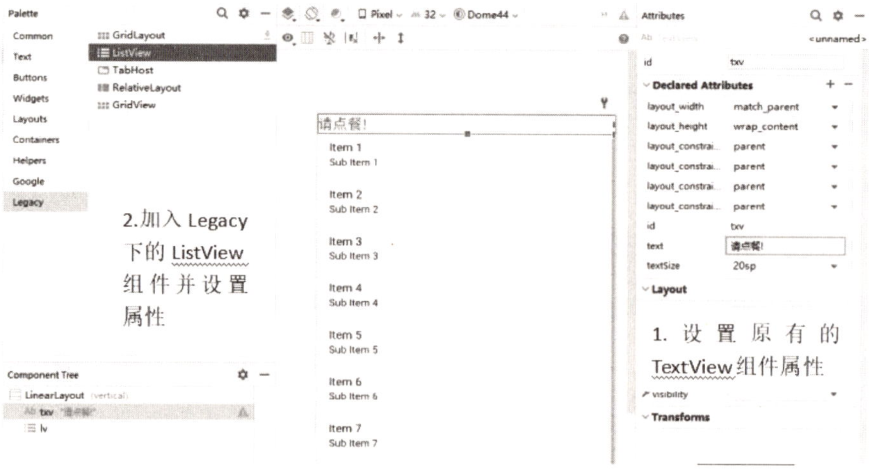

图 4-28　更换布局文件

步骤 3　接着打开 MainActivity.java，为 MainActivity 类实现 OnItemClickListener 监听器的接口，并在 onCreate（ ）方法中输入以下标示的程序内容。

```
01 public calss MainActivity extends AppCompatActivity implements
                    AdapterView.OnItemClickListener {
02
03 @Override
04 Protected void onCreate(Bundle savedInstanceState) {
05 super.onCreate(savedInstanceState);
06 setContentView(R.layout.activity_main);
07
08        // 获取 ListView 对象，并设置单击动作的监听器
09        ListView  lv=(ListView)findViewById(R.id.lv);
10        lv.setOnItemClickListener(this);
11    }
…
```

●第 9 行获取 ListView 对象，接着在第 10 行设置 this 为单击事件的监听对象。

步骤 4　在 MainActivity 类中 onCreate（ ）方法之后加入实现接口的方法。

```
ArrayList<String> selected=new ArrayList<>（ ）;
    // selected 存储已选取的选项（餐点）名称字符串
 @ Override
```

```
04 public void onItemClick(AdapterView<?>parent,View view,
              Int posittion,long id) {
05     TextView txv=(TextView) view;
                              // 将被单击的 View 对象转成 TextView 对象
06     String item=txv.getText ( ) .toString ( ) ;
07                            // 获取选项中的文字
08     if(selected.contains(item))  // 若 selected 中已有同名选项
09       selected.remove(item); // 就将它删除
10     else                     // 若 selected 没有同名选项
11       selected.add(item);    // 就将它加到 selected 中，成为已选取选项的一员
12
13     String msg;
14     if(selected.size ( ) >0){
15       msg=" 你点了： ";
16       for (String str:selected)
17          msg+=" "+str;     // 每个选项（餐点）名称前空一格
18     }                       并附加到信息字符串后面
19     else                   // 若 selected 选项中的数等于 0
20       msg=" 请点餐！ ";
21
22     TextView msgTxv=(TextView) findViewById(r.id.msgTxv);
23     msgTxv.setText(msg);    // 显示信息字符串
24 }
```

●第 1 行在类中声明一个存放字符串的 ArrayList 对象，稍后程序会利用它来存放已选取选项的餐点名称。

●第 5、6 行向单击事件方法中传入相应的参数，获取被单击的选项（是一个 TextView）内的字符串值（也就是餐点名称）。

●第 8 ~ 11 行是处理“选取”餐点、“取消”餐点的部分。程序先检查被单击的选项是否已存在于 ArrayList 中，若不存在就将它加入；若已存在则将它删除。因此，程序执行时，用户单击一次就相当于“选取”，再单击一次则是取消。

●第 14 ~ 23 行负责显示已选取的信息，或是在没有选项被选取时显示“请点餐！”。

步骤 5　将程序部署到手机、仿真器上进行测试，效果如图 4-29 所示。

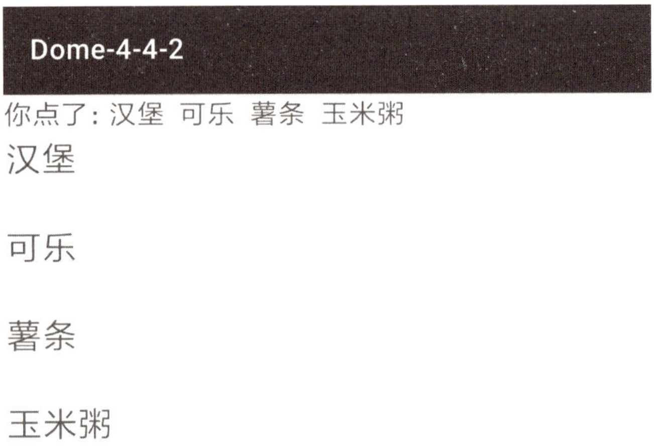

图 4-29　效果图

4.5　Toast

使用 Toast 功能可在屏幕上显示一小段即时消息，并在几秒钟自动消失；而使用对话框功能，则可在屏幕最上层显示信息框并拦截所有输入，用户必须做出回应并关闭对话框后，才能继续原来的操作，如图 4-30 所示。

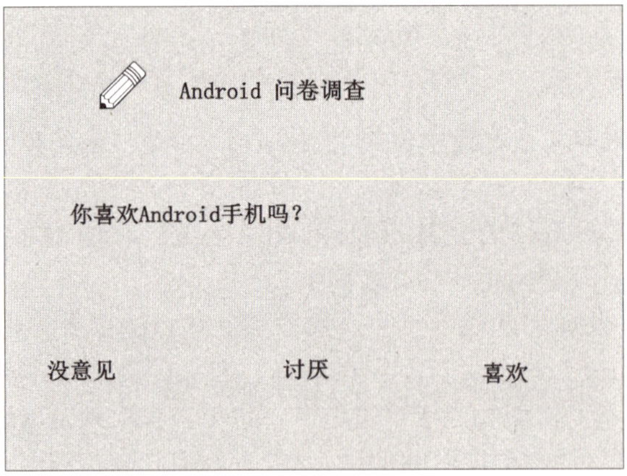

图 4-30　问卷调查

本节先来介绍 Toast 功能，它在显示信息的时候，用户仍能继续操作，如图 4-31 所示。

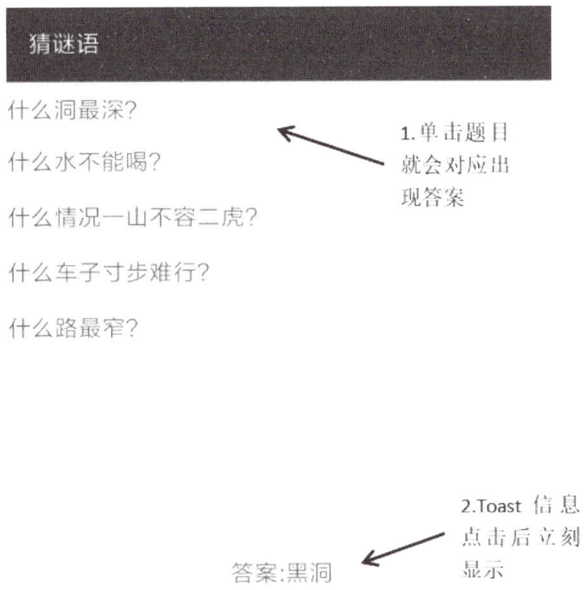

图 4-31　答案及时显现

Toast 提供了便利的 makeText（ ）方法，可按照指定的显示信息及时间长短来创建一个 Toast 对象，我们再调用这个对象的 show（ ）方法即可显示信息，如图 4-32 所示。

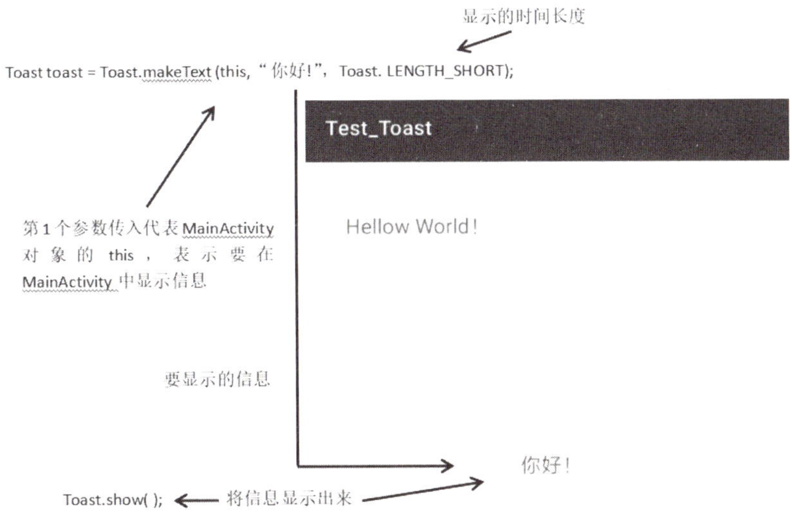

图 4-32　创建 makeText（ ）和 show（ ）方法的调用

其中显示时间指定为 Toast.LENGTH_SHORT 是 2 秒，若指定为 Toast.LENGTH_LONG 则为 3.5 秒。

Toast.makeText( )可以生成新对象并设置好内容和显示时间，然后将此新对象返回。由于 makeText（ ）会返回 Toast 对象，因此也可以用“.”串接调用用 show（ ）：

Toast.makeText(this, "你好！ ", Toast.LENGTH_SHORT).show（ ）;

技巧： Toast 类和前几个项目使用的 UI 组件 Button、EditText、Spinner 等类一样，都属于 android.widget 程序包。

范例：猜谜语—用 Toast 显示答案

接着我们就来编写一个“猜谜语”程序，程序中会用项目 3 介绍的 ArrayAdapter 创建含猜谜语题目的 ListView，用户单击任一题，程序就会用 Toast 显示答案，如图 4-33 所示。

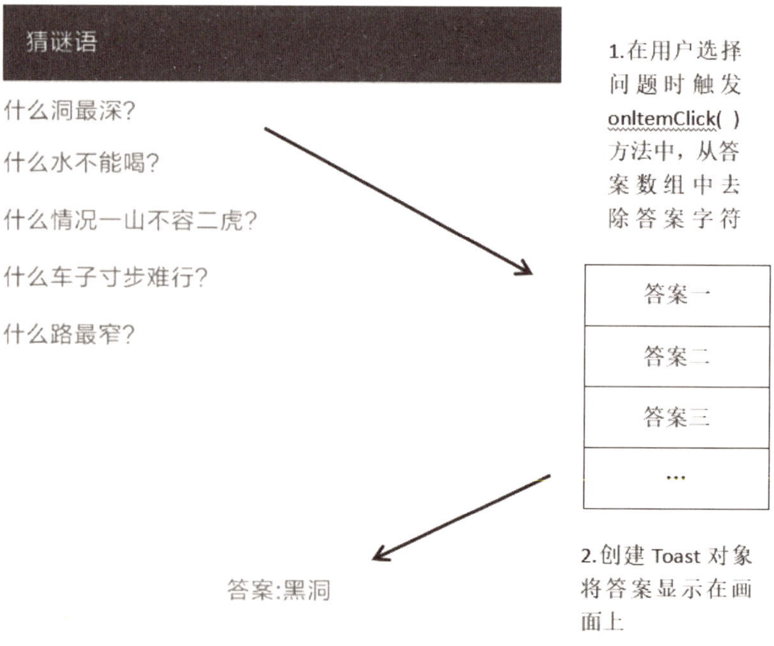

图 4-33 创建程序用 Toast 显示答案

步骤 1 请创建一个 Dome_4_5 项目，并将应用程序名称设为“猜谜语”。

步骤 2 将布局中原有的“Hello world”组件删除，再加入一个 Containers 中的 ListView 组件，如图 4-34 所示。

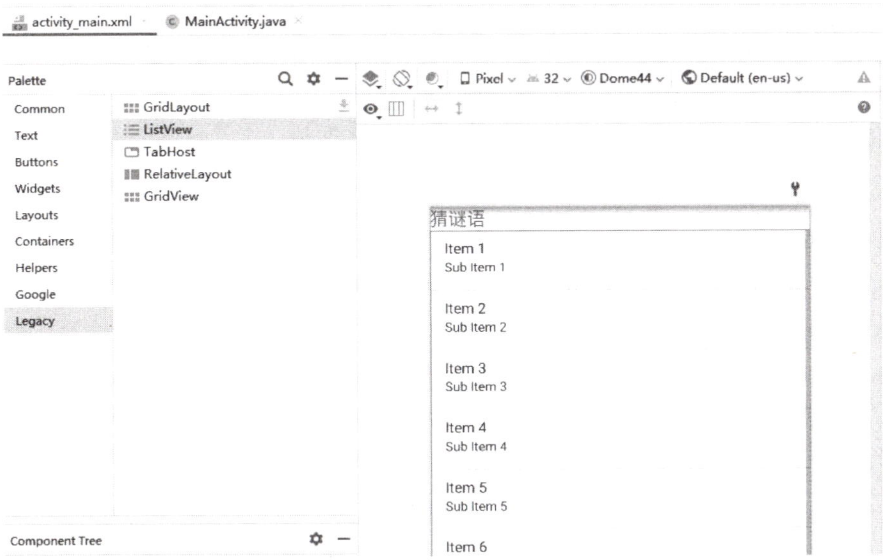

图 4-34　加入 Containers 中的 ListView 组件

步骤 3　编写程序如下：

```
public class MainActivity extends AppCompatActivity
            implements OnItemClickListener{

  String[ ] queArr ={" 什么门永远关不上？ ", " 什么东西没人爱吃？ ",  // 创建问题数组
               " 什么瓜不能吃？ "," 什么布切不断？ ",
               " 什么鼠最爱干净？ "," 偷什么不犯法？ ";};
  String[ ] ansArr = {" 球门 "," 亏 ",   // 创建答案数组
              " 傻瓜 "," 瀑布 ",
              " 环保署 "," 偷笑 " };

   @Override
   protected void onCreate(Bundle savedInstanceState) {
      super.onCreate(savedInstanceState);
      setContentView(R.layout.activity_main);


    ArrayAdapter<String>adapter=new ArrayAdapter<>(  // 创建供 ListView 使用的
```

```
18          this,                             ArrayAdapter 对象
19          android.R.layout.simple_list_item_1,  // 使用内建的布局资源
20          queArr);          // 以 queArr 数组当数据源
21
22    ListView lv=(ListView) findViewById(R.id.lv);  // 获取 ListView
23        lv=.setAdapter(adapter);      // 设置 ListView 使用的 Adapter
24        lv=setOnItemClickListener(this);    // 设置 ListView 选项被单击时的事
25                                                                  件监听器
26    }
27    @Override
28    public void onItemClick(AdapterView<?>parent, View view,
29                                           int position,long id)
30        Toast.makeText(this,
31                    " 答案：" +ansArr[position],    // 从 ansArr 数组取得答案
32                    Toast.LENGTH_SHORT).show ( ) ;
33  }
…
```

●第 4 ~ 9 行创建 2 个字符串数组，第 4 行的 queArr 数组用来存储问题，第 7 行的 ansArr 数组用来存储答案。

●第 17 行创建供 ListView 使用的 ArrayAdapter<String> 对象。第 19 行构建方法第 2 个参数设置的 android.R.layout.simple_list_item_1，是 Android 内建用来显示单一项目的布局资源 ID。第 20 行设置数据源为 queArr 问题字符串数组。

● 第 23、24 行替 ListView 设置 Adapter 和选项单击事件的监听器。

●第 28 ~ 33 行为选项被单击的 onItemClick ( ) 事件方法，用户单击某个问题时，参数 position 即为该选项的位置，利用此位置当索引即可从答案数组找到对应的答案，接着就用 Toast 对象显示答案内容。

步骤 4 将程序部署到手机、仿真器上测试效果，如图 4-35 所示。

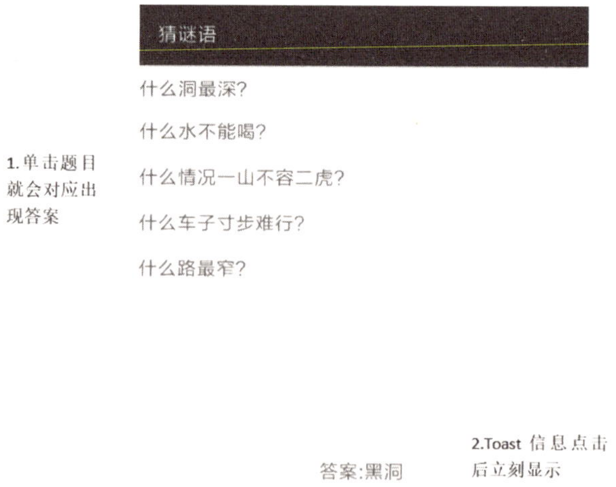

图 4-35　效果图

4.6　Alert 对话框

“对话框”（dialog）可以用来显示一段信息，并要求用户输入一些信息，例如单击确定或取消按钮、输入账号及密码或显示列表框让用户选择等。此时输入焦点会集中在对话框上，必须等对话框关闭后，用户才能进行其他的操作。

Android 提供了以下对话框类供用户使用。

本节先来介绍 AlertDialog 类，此对话框可按需要而显示出以下几种选项。

4.6.1　AlertDialog.Builder：设置与创建 Alert 对话框

要显示 Alert 对话框，请先使用特制的类 AlertDialog.Builder 创建 AlertDialog.Builder 对象，然后用此对象来设置对话框所需要的元素和属性，再生成实际的 AlertDialog 对象并显示出来。例如：

```
AlertDialog.Builder  bdr=new AlertDialog.Builder(this);
bdr.setMessage(“对话框示范教学！”);
bdr.setTitle(“欢迎！”);
bdr.setIcon(android.R.drawable.presence_away);
```

可以创建如下对话框，各个方法作用如图 4-36 所示。

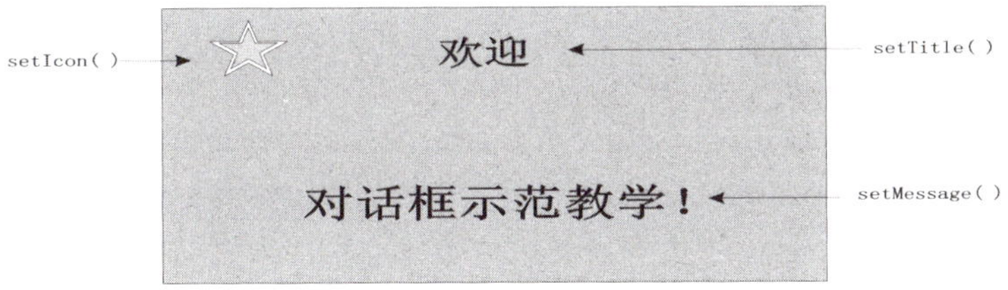

图 4-36　对话框方法作用

其中 setIcon（）方法必须传入图标资源 ID，可以像前文中使用系统内建的图标，或是自己准备的图标。

技巧： AlertDialog 所属的程序包为 android.app。

4.6.2 setCancelable（ ）：设置按返回键关闭对话框

AlertDialog.Builder 还有一个 setCancelable（ ）方法，若传入 true 调用此方法，表示用户可按手机的返回键（或在对话框以外的区域内单击）来关闭对话框；若传入 false，对话框就必须提供取消按钮，否则用户将无法关闭对话框。系统默认为 true。

4.6.3 Show（ ）：创建并显示对话框

用 AlertDialog.Builder 设置好对话框所需要的元素与属性后，即可调用 AlertDialog.Builder 的 show（ ）方法创建 AlertDialog 对象，此方法会自动调用 AlertDialog 的 show（ ）方法显示对话框，如图 4-37 所示。

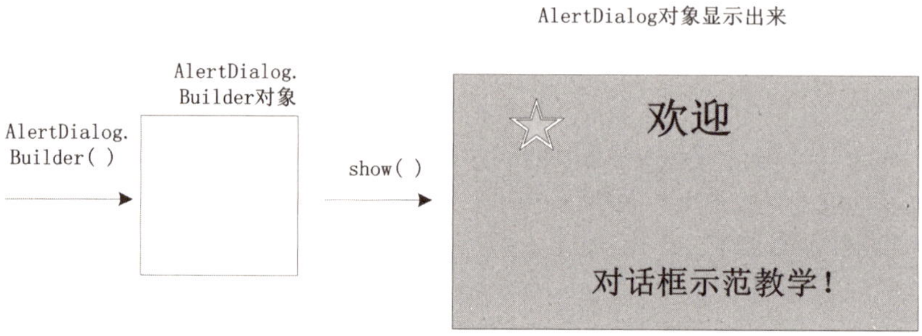

图 4-37 调用 AlertDialog 的 show（ ）方法显示对话框

技巧：在 Android 中，有许多功能都会像 AlertDialog 一样设计有 Builder 类来协助创建对象。为了避免混淆，在程序中会连同 AlertDialog 类名称写出来，表示使用 AlertDialog 中的 Builder 类。

4.6.4 创建 Alert 对话框的简易方法

由于 AlertDialog.Builder 中的方法都会返回 AlertDialog.Builder 对象自己，因此可以直接将多个方法用“.”运算符串接起来，例如：

```
AlertDialog.builder bdr=new AlertDialog.Builder(this);
bdr.setMessage(" 对话框示范教学！ ")
.setTitle(" 欢迎 ");
.setIcon(android.R.drawable.presence_away)
.show;
```

甚至还可以直接再串接 new 运算的结果对象，省掉声明变量的写法，变成：

```
New AlertDialog.Builder(this).
   .setMessage(" 对话框示范教学！ ")
   .setTitle( 欢迎 );
   .setIcon(android.R.drawable.presence_away)
   .show ( ) ;
```

接着就来实现一个范例，程序执行后会带对话框询问用户对 Android 手机的喜欢程度，并在用户单击按钮选择后关闭对话框，在画面上显示选取的结果，如图 4-38 所示。

图 4-38　显示选取的结果

步骤 1　请新建一个名为 Ch04_DialogAsk 的项目，并将项目名称设为“DialogAsk”。

步骤 2　在 layout 版面中修改默认的 TextView 组件，如图 4-39 所示。

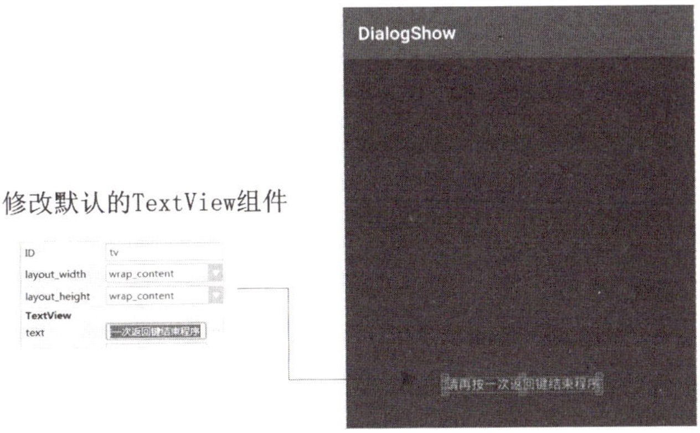

图 4-39　修改 TextView 组件

步骤 3 如下修改程序中的 onCreate（ ）方法及加入按钮事件的方法：

```
protected class MainActivity extends AppCompatActivity {
  implements DialogInterface.OnCancelListener
{  // 实现监听接口
     TextView txv; // 记录默认的 TextView 组件
    @Override
   public void onCreate (Bundle savedInstanceState){
  super.onCreate(savedInstanceState);
     setContentView(R.layout.activity_main);
     txv = (TextView) findViewById(R.id.answer);
   // 找出预设的 TextView
    new AlertDialog.Builder(this)    // 创建 Builder 对象
       .setMessage(" 你喜欢  Android 手机吗？ ")  // 设置显示信息
       .setCancelable(false)// 禁用返回键关闭对话框
       .setIcon(android.R.drawable.ic_menu_edit)  // 采用内建的图标
       .setTitle("Android 手机问卷调查 ") // 设置对话框的标题
       .setPositiveButton(" 喜欢 ", this)// 加入肯定按钮并监听事件
       .setNegativeButton(" 讨厌 ", this) // 加入否定按钮的监听事件
       .setNeutralutton(" 没意见 ", null) // 不监听中性按钮
       .show（ ）;
   }
 @Override1
   public void onClick (DialogInterface dialog,int which){
   //33 实现监听接口的定义方法
    if (which == DialogInterface.BUTTON_POSITIVE) { // 如果单击肯定的“喜欢”
     // 如果单击肯定的喜欢
      txv.setText(" 你喜欢 Android 手机 ");
     }
  else if (which == DialogInterface.BUTTON_NEGATIVE) { // 如果单击否定的
                                                       “讨厌”
      txv.setText(" 你讨厌 Android 手机 ");
     }
     }
   }
      }
```

●第 11 行让 MainActivity 实现 DialogInterface.OnClickListener 界面，以便处理对话框上的按钮事件。

●第 16 ~ 18 行加入了 3 个按钮，让用户可以选择对 Android 手机的喜爱程度。

●第 23 ~ 30 行实现了 onClick（ ）方法，并根据单击的按钮更改画面上 TextView 组件显示的文字。

步骤 4　将程序部署到手机、仿真器上，测试对话框中不同按键的效果如图 4-40 所示。

图 4-40　不同按键效果显示图

【小　结】

本项目介绍了许多常用的基本控件以及使用方法，希望同学们能认真学习，去理解掌握每个控件以及使用的方法，打下扎实的基础。

项目 5 信使组件 Intent

5.1 组件 Intent 对象

前文介绍了在一个 Android 应用中重要的 4 个组成部分。这 4 种组件是独立的，它们之间可以互相调用，协调工作，最终组成一个真正的 Android 应用。这些组件之间的通信，主要是由 Intent 协助完成的。Intent 就像 Activity 之间的双面胶，就字面意思而言是“意图、意向、目的”，基本上可以诠释这个对象的作用。Intent 负责对应用中一次操作的动作，以及对动作所涉及的数据、附加数据进行描述，Android 根据 Intent 的描述，负责找到对应的组件，将 Intent 传递给调用的组件，并完成组件的调用。因此，Intent 在这里起着一个媒体中介的作用，专门提供组件互相调用的相关信息，实现调用与被调用者之间的解耦。Intent 也可以说像需求说明一样，说明当前的事件以及一些数据，接下来 Android 会依据这个 Intent 说明，为其找到一个 Activity，并把这个 Intent 交给该 Activity。

例如，在一个联系人维护的应用中，当我们在一个联系人列表屏幕（假设对应的 Activity 为 contactActivity）上，点击某个联系人后，马上能够跳出此联系人的详细信息屏幕（假设对应的 Activity 为 infoActivity）。为了实现这个目的，contactActivity 需要构造一个 Intent 去告诉系统，我们要做“查看详细”动作，此动作对应的查看对象是“某联系人”，然后调用 startActivity（Intent intent），将构造的 Intent 传入，系统会根据此 Intent 中的描述，到 ManiFest 中找到满足此 Intent 要求的 Activity，这时找到要调用的 Activity，即为 infoActivity，并传入 Intent，infoActivity 则会根据此 Intent 中的描述，执行相应的操作。

Intent 传递过程中，要找到目标消费者（另一个 Activity，IntentReceiver 或 Service），也就是 Intent 的响应者，有两种方法：隐式的 Intent（Implicit Intent）和显式的 Intent（Explicit Intent）。

5.2　组件 Intent 的属性

Intent 是对执行某个操作的一个抽象描述，其描述的内容包括，对执行动作 Action 的描述、对操作数据的描述，还有 4 种附加属性包括 category 类别、extra 附加信息、component 组件、type 数据类型，下面分别进行介绍。

（1）component 组件。

component 组件指定 Intent 的目标组件的类名称。通常 Android 会根据 Intent 中包含的其他属性的信息，如 action、dat/type、category 进行查找，最终找到一个与之匹配的目标组件。但是，如果 component 这个属性有指定的话，将直接使用它指定的组件，而不再执行上述查找过程。指定了这个属性后，Intent 的其他所有属性都是可选的。

指定 component 属性的 Intent，即调用 setComponent（ComponentName）或者 setClass（Context，Class）来指定。通过指定具体的组件类，通知应用启动对应的组件。对于间接 Intent 是没有指定 component 属性 Intent 的。这些 Intent 需要包含足够的信息，这样系统才能根据这些信息，在所有的可用组件中，确定满足此 Intent 的组件。

对于直接 Intent，Android 不需要去做解析，因为目标组件已经很明确，Android 需要解析的是那些间接 Intent，通过解析，将 Intent 映射给可以处理 Intent 的 Activity、IntentReceiver 或 Service。看下面的代码：

```
Intent intent=new Intent（）;
intent setClass（ActivityLifecycle.this,AlertDialog.class）;
```

通过 setClass 方法，直接告诉 Android，此 Intent 交由 AlertDialog 处理。也可以通过 setComponent（）、setClassName（）等方法来做同样的事情。

下面列举一个简单例子使用 component（组件）。建立名为 Dome_5_1 的 Android 工程，在该工程的 res\layout\ 目录下定义一个布局资源文件 activity _main.xml，在 XML 中定义一个按钮，在该工程中创建另一个包 com.ch05，该包中新增 java 类 second.java，并增加一个布局资源文件 second.xml，activity_main.xml 代码如下：

```
<?xml version="1.0" encoding="utf-8"?>
<LinearLayout xmlns:android="http://schemas.android.com/apk/res/android"
    xmlns:tools="http://schemas.android.com/tools"
    android:id="@+id/activity_main"
    android:layout_width="match_parent"
    android:layout_height="match_parent"
    tools:context="com.ch05_1.MainActivity">
```

```
  <Button
    android:layout_width="wrap_content"
    android:layout_height="wrap_content"
    android:id="@+id/button1"
    android:text="intent test"
    />
</LinearLayout>
```

在 src 文件下的包 com.ch05 中，打开 src 文件夹下的包 com.ch05 中 MainActivity 类，修改代码如下。

```
package com.ch05_1;

import android.content.ComponentName;
import android.content.Intent;
import android.support.v7.app.AppCompatActivity;
import android.os.Bundle;
import android.view.View;
import android.widget.Button;

import static android.R.attr.button;

public class MainActivity extends AppCompatActivity {

  @Override
  protected void onCreate(Bundle savedInstanceState) {
    super.onCreate(savedInstanceState);
    setContentView(R.layout.activity_main);
    Button button = (Button) findViewById(R.id.button1);
    button.setOnClickListener(new View.OnClickListener ( ) {
      @Override
      public void onClick(View view) {
        //component 实例化
        ComponentName cn = new ComponentName(MainActivity.this, "com.ch05.
second");
          Intent intent=new Intent ( ) ;
```

```
                //设置组件的 componentname 属性
                intent.setComponent(cn);
                startActivity(intent);
            }
        });
    }
}
```

配置文件 AndroidManifest.xml 代码中需要注册 second 这个 Activity，代码如下：（这里是配置文件下注册四大组件中的 Activity）

```
<?xml version="1.0" encoding="utf-8"?>
<manifest xmlns:android="http://schemas.android.com/apk/res/android"
    package="com.ch05_1">

    <application
        android:allowBackup="true"
        android:icon="@mipmap/ic_launcher"
        android:label="@string/app_name"
        android:supportsRtl="true"
        android:theme="@style/AppTheme">
        <activity android:name="ch05.ch05_1.MainActivity">
            <intent-filter>
                <action android:name="android.intent.action.MAIN" />

                <category android:name="android.intent.category.LAUNCHER" />
            </intent-filter>
        </activity>
        <activity android:name="com.ch05.second" />
    </application>

</manifest>
```

（2）Action 属性。

Action 属性是执行动作描述的字符串，是对所将执行动作的描述。在 Intent 类中定义了一些字符串常量作为标准动作，例如：

```
public static final String ACTION_DIAL="android.intent.action.DIAL";
public static final String ACTION_SENDTO="android.intent.action.SENDTO";
```

还可以自定义 Action, 并定义相应的 Activity 来处理我们自定义的行为，自定义动作字符串应该以应用程序包名作为前缀，例如：

```
"com.example.project.SHOW_COLOR"
```

Action 动作很大程度上决定了意图，其他部分如何被组织，尤其是数据 Data 和附加字段 extras 很像一个方法名，决定了一些参数和返回值。因此，一个好的想法是使用尽可能具体的动作名与意图的其他字段紧密联系起来。换句话说，为您的组件能处理的意图对象定义一个整体的协议而不是定义一个孤立的动作。一个 Intent 意图对象里的动作可以通过 setAction（ ）方法设置和通过 getAction（ ）方法读取。

在 AndroidManifest.xml 清单文件中，清单文件中的意图过滤器元素列举了动作元素:

```
<intent-filter…>
<action android:name="com.example.project.SHOW_CURRENT"/>
<action android:name="com.example.project.SHOW_RECENT"/>

</intent-filte>
```

（3）Data 属性。

Data 属性是执行动作所需要的数据的描述，Android 中采用 URI 表示数据，譬如在联系人应用中，指向联系人 1 的 URI 可能为 :content://contacts/1(由于 content provider 提供的数据类型是 content)。Uri 的概念和传统的 URI 的概念是一致的，遵循 RFC 2396。而 Uri 最终是由 ContentProvider 提供的，所以会涉及 ContentProvider 的概念，这里也暂时不解释，只需要知道这个 data 所声明的数据，就像一个 URI 一样，通过这个 URI，可以找到提供该 URI 的 ContentProvider 提供的数据，就可以操作这些数据了。

不同的动作对应不同种类的数据规格。例如，如果动作是 ACTION_EDIT，数据字段会包含可编译文档的 URI；如果动作是 ACTION_CALL，数据字段会是一个电话号码：含呼叫电话号码的 URI；类似地，如果动作是 ACTION_VIEW 而且数据字段是一个 http：URI，那么接收到的活动将会是下载并显示 URI 所引用数据的请求。但类型可以在意图对象里显示设置。setData（ ）方法指定数据只能为一个 URI，setType（ ）指定它只能是一个 MIME 类型，而 setDataAndType（ ）指定它同时为 URI 和 MIME 类型。URI 通过 getData（ ）读取，类型则通过 getType（ ）读取。

在 AndroidManifest.xml 清单文件中，清单文件中的意图过滤器元素里列举了数据元素：

```
<intent-filter…>
<action android:type="video/mpeg"android: schene="http"…/>
<action android:type="video/mpeg"android: schene="http"…/>
…
</intent-filte>
```

（4）Catagory 类别。

Catagory 类别是被请求组件的额外描述信息，Intent 类中定义了一组字符串常量表示 Intent 不同的类别。例如，CATEGORY_LAUNCHER 表示 Intent 的接受者应该在 Launcher 中作为顶级应用出现；ALTERNATIVE_CATEGORY 表示当前 Intent 是一系列可选动作中的一个，这些动作可以在同一块数据上执行。CATEGORY_PREFERENCE 表示该目标活动是一个首选项界面。

```
Public static final String CATEGORY_LAUNCHER="android.intent.category.
LAUNCHER";

Public static final String CATEGORY_PREFERENCE="android.intent.category.
PREFERENCE";
```

在 AndroidManifest.xml 清单文件中，清单文件中的意图过滤器元素中列举了动作元素：

```
<intent-filter…>
<category android:name="android.intent.category.LAUNCHER"/>
<category android:name="android.intent.category. PREFERENCE "/>
…
</intent-filte>
```

（5）Type 数据类型。

Type 数据类型显示指定 Intent 的数据类型 MIME。一般 Intent 的数据类型能够根据数据本身进行判定，但是通过设置这个属性，可以强制采用显示指定的类型而不再进行推导。

（6）extras 附加信息。

extras 附加信息是其他所有附加信息的集合。使用 extras 可以为组件提供扩展信息。Biru，执行“发送电子邮件”这个动作，可以将电子邮件的标题、正文等保存在 extras 里，传给电子邮件发送组件。应该递交给意图处理组件的附加信息键 - 值对，就像一些动作伴随着特定的数据 URI 类型，一些动作则伴随着特定的附加信息。比如，一个 ACTION_TIMEZONE_CHANGED 意图有一个“时区”附加信息用来区别新的时区，而 ACTION_

HEADEST_PLUG 有一个“状态”附加字段表明没有插着耳机，以及一个“名字”附加信息来表示耳机的类型。如果创建一个 SHOW_COLOR 动作，颜色的值被放置在一个附加的键 - 值对中。意图对象有一系列的 put…（ ）方法来插入各种不同的附加数据和一个类似的用来读取数据的 get…( )方法系列。这些方法与 Bundle 对象方法相似。事实上，附加信息可以被当作一个 Bundle 通过使用 putExtras ( ) 和 getExtras ( ) 方法安装和读取。

5.2.1 Android 如何解析 Intent

Intent 是一种在不同组件之间传递的请求信息，是应用程序发出来的请求和意图，作为一个完整的消息传递机制，Intent 不仅需要发送端，还需要接收端。

当指定了 component 属性后，就是现实地指定了目标组件，也就是接收端。如果没有明确指定目标组件，那么 Android 系统会使用 Intent 中的 action、data、category 3 个属性来寻找和匹配接收端。这个过程是通过比较 Intent 对象和所有可能对象的 Intent 过滤器完成的。组件的 Intent 过滤器会告知 Android 它所能处理的 Intent 类型。如同其他相对于组件很重要的信息一样，这些是在 AndroidManifest 文件中进行声明的。

当程序员使用 startActivity(intent) 来启动另一个 Activity 时，如果直接指定 Intent 对象的 component 属性，那么 Activity Manager 将试图启动器 component 属性指定的 Activity，否则 Android 将通过 Intent 其他属性从安装在系统中的所有 Activity 中查找与之最匹配的一个启动，如果没有找到合适的 Activity，应用程序则会得到一个系统抛出的异常。

5.2.1.1 Action 匹配

Action 是一个用户定义的字符串，用于描述一个 Android 应用程序组件，一个 Intent Filter 可以包含多个 Action。在 AndroidManifest.xml 的 Activity 定义时可以在（intent–filter）节点指定一个 Action 列表用于标识 Activity 所能接收的“动作”。例如：

```
<intent-filter…>
<category android:name="android.intent.action.MAIN"/>
<category android:name="com.zy.myaction"/>
…
</intent-filte>
```

如果我们在启动一个 Activity 时使用这样的 Intent 对象：

```
Intent intent=new Intent ( ) ;
Intent.setAction("com.zy.myaction");
```

那么所有的 Action 列表中包含了"com.zy.myaction"的 Activity 都将会匹配成功。Android 预定义了一系列 Action 分别表示特定的系统动作。这些 Action 通过常量的方式定义 android.content.Intent 中，以"ACTION_ 开头"。我们可以在 Android 提供的文档中找到它们的详细说明。

5.2.1.2　URI 数据匹配

一个 Intent 可以通过 URI 携带外部数据给目标组件。在 <>intent-filter> 节点中，通过 <data/> 节点匹配外部数据。mimeType 属性指定携带外部数据的数据类型，scheme 指定协议，host、port、path 指定数据的位置、端口和路径。例如：

```
<data android:minmeType="mimeType"android.scheme="scheme"
android:host="host"android:port="port"android:path="path"/>
```

如果在 Intent Filter 中指定了这些属性，那么只有所有属性都匹配成功时 URI 数据匹配才会成功。

5.2.1.3　Category 类别匹配

<intent-filter> 节点中可以为组件定义一个 Category 类别列表，当 Intent 中包含这个列表的所有项目时 Category 类别匹配才会成功。

5.2.2　Intent 的自定义 Action 属性的使用

在启动一个 Activity 时作为信使的 Intent 主要由三部分构成：Action、Data、Category。对于 Action，有时候我们不一定非得用系统默认的值，而可以自定义，同样达到启动其他 Activity 的效果。Action 的值是一个类型为 String 的字符串，Intent 中 ACTION 的值是双向的，发送方给接收方中的 Action 值能够被双方了解；这样在发送方中，自定义 Action 的值；在接收方中，Intent-filter 中的 ACTION 值要与自定义的值相同，这样才能够正确接收 Intent。

建立名为 Dome_5_2 的 Android 工程，在该工程的 res\layout\ 目录下定义一个布局资源文件 activity_main.xml, 在 XML 中定义一个按钮，并增加一个布局资源文件 second.xml，activity_main.xml 代码如下：

```
<?xml version="1.0" encoding="utf-8"?>
<LinearLayout xmlns:android="http://schemas.android.com/apk/res/android"
   xmlns:tools="http://schemas.android.com/tools"
```

```
    android:id="@+id/activity_main"
    android:layout_width="match_parent"
    android:layout_height="match_parent"
    tools:context="com.ch05_2.ch05.ch05_2.MainActivity">

    <Button
        android:layout_width="wrap_content"
        android:layout_height="wrap_content"
        android:id="@+id/button1"
        android:text="Button"
        />
</LinearLayout>
```

打开 src 文件夹下的包 com.ch05 MainActivity 类，修改代码如下：

```
package ch05.ch05_2;
import android.content.Intent;
import android.support.v7.app.AppCompatActivity;
import android.os.Bundle;
import android.view.View;
import android.widget.Button;

public class MainActivity extends AppCompatActivity {

    @Override
    protected void onCreate(Bundle savedInstanceState) {
        super.onCreate(savedInstanceState);
        setContentView(R.layout.activity_main);
        Button button = (Button) findViewById(R.id.button1);
        button.setOnClickListener(new View.OnClickListener（）{
            @Override
            public void onClick(View arg0) {
                Intent intent=new Intent（）；
                intent.setAction("com.ch05.second.MYACTION");
                startActivity(intent);
            }
```

```
        });
    }
}
```

在 AndroidManifest.xml 文件需要注册 second 这个 activity，并且添加它的过滤器，设置 Action 和 Category，修改代码如下：

```
<?xml version="1.0" encoding="utf-8"?>
<manifest xmlns:android="http://schemas.android.com/apk/res/android"
    package="com.ch05_2">

    <application
        android:allowBackup="true"
        android:icon="@mipmap/ic_launcher"
        android:label="@string/app_name"
        android:supportsRtl="true"
        android:theme="@style/AppTheme">
        <activity android:name="ch05.ch05_2.MainActivity"
                android:exported="true">
            <intent-filter>
                <action android:name="android.intent.action.MAIN" />

                <category android:name="android.intent.category.LAUNCHER" />
            </intent-filter>
        </activity>

        <activity android:name=".second"
                android:exported="true" />
        <intent-filter>
            <action android:name="com.ch05.seconde.MYACTION"/>

            <category android:name="android.intent.category.DEFAULT"/>
        </intent-filter>
        </activity>
    </application>
</manifest>
```

5.2.3 Intent 的 data 属性的使用

Intent 执行动作要操作的数据时 data,Android 中采用指向数据的一个 URI 来表示，如在联系人应用中，一个指向某联系人的 URI 可能为: content: //contacts/1. 这种 URI 表示，通过类 ContentURI 来描述。下面通过一个简单例子来加深理解。

建立名为 Dome_5_3 的 Android 工程，在该工程的 res\layout\ 目录下定义一个布局资源文件 activity_main.xml，在 XML 中定义一个按钮，并增加一个布局资源文件 second.xml，同样，在 XML 中定义一个文本视图组件 TextView。Activity_main 代码如下：

```
<?xml version="1.0" encoding="utf-8"?>
<LinearLayout xmlns:android="http://schemas.android.com/apk/res/android"
    xmlns:tools="http://schemas.android.com/tools"
    android:id="@+id/activity_main"
    android:layout_width="match_parent"
    android:layout_height="match_parent"
    tools:context="com.ch05_2.ch05.ch05_2.MainActivity">

    <Button
        android:layout_width="wrap_content"
        android:layout_height="wrap_content"
        android:id="@+id/button1"
        android:text="data test"
        />
</LinearLayout>
```

布局资源文件 second.xml 代码如下：

```
<?xml version="1.0" encoding="utf-8"?>
<LinearLayout xmlns:android="http://schemas.android.com/apk/res/android"
    android:layout_width="match_parent"
    android:layout_height="match_parent"
    android:orientation="vertical"
    >
<TextView
    android:layout_width="match_parent"
    android:layout_height="wrap_content"
    android:id="@+id/tv1"
    />
```

```
</LinearLayout>
```

打开 src 文件夹下的包 com.ch05 中 MainActivity 类，修改代码如下：

```
package ch05.ch05_2;

import android.content.Intent;
import android.net.Uri;
import android.support.v7.app.AppCompatActivity;
import android.os.Bundle;
import android.view.View;
import android.widget.Button;

public class MainActivity extends AppCompatActivity {

    @Override
    protected void onCreate(Bundle savedInstanceState) {
        super.onCreate(savedInstanceState);
        setContentView(R.layout.activity_main);
        Button button = (Button) findViewById(R.id.button1);
        button.setOnClickListener(new View.OnClickListener（ ）{
            @Override
            public void onClick(View v) {
                Uri uri = Uri.parse("getdata:// 我的主机 host");
                Intent intent=new Intent("com.ch05_2.myaction",uri);
                startActivity(intent);
            }
        });
    }
}
```

在 src 文件夹下的包 com.ch05 中新增 Java 类 seconddactivity.java，修改代码如下：

```
package com.ch05;

import android.net.Uri;
```

```
import android.os.Bundle;
import android.support.v7.app.AppCompatActivity;
import android.widget.TextView;

/**
 * Created by Administrator on 2016/12/27.
 */

public class secondactivity extends AppCompatActivity {
    @Override
    public void onCreate(Bundle saveInstanceState) {
        super.onCreate(saveInstanceState);
        setContentView(R.layout.second);
        TextView tv =(TextView)findViewById(R.id.tv1);
        Uri uri = getIntent（）.getData（）;
        String str = uri.getHost（）;
        tv.setText(str);
    }
}
```

在清单文件 AndroidManifest.xml 中需要注册 secondactivity，以及设置过滤器，代码如下：

```
<?xml version="1.0" encoding="utf-8"?>
<manifest xmlns:android="http://schemas.android.com/apk/res/android"
    package="com.ch05_2">

    <application
        android:allowBackup="true"
        android:icon="@mipmap/ic_launcher"
        android:label="@string/app_name"
        android:supportsRtl="true"
        android:theme="@style/AppTheme">
        <activity android:name="ch05.ch05_2.MainActivity"
                android:exported="true">
            <intent-filter>
```

```
            <action android:name="android.intent.action.MAIN" />

            <category android:name="android.intent.category.LAUNCHER" />
        </intent-filter>
    </activity>

    <activity android:name=".secondactivity" />
    <intent-filter>
        <action android:name="com.ch05_2.myaction"/>

        <category android:name="android.intent.category.DEFAULT"/>
        <data android:scheme="getdata"> </data>
    </activity>
    </intent-filter>
  </application>

</manifest>
```

程序运行后，点击按钮，会跳到 secondactivity 并显示数据，如图 5-1 所示。

图 5-1　运行结果

5.3 用 Intent 启动程序中的其他 Activity

用户可以用 Intent（意图）来启动手机中的 Activity，按照启动方式可分为两类。

- 明确 Intent（Explicit Intent）：就是直接以“类名称”来指定要启动哪一个 Activity，通常是用来启动自己程序中的 Activity，例如上一节所新增的 secondActivity。
- 隐式 Intent（Implicit Intent）：所谓隐式，就是只在 Intent 中指出想要进行的操作（例如拨号、显示、编辑、搜索等）及数据（例如电话号码、E-mail 地址、网址等），让系统帮我们找出适合的 Activity 来执行相关操作。

本节先介绍明确 Intent，后文再介绍隐式 Intent。

startActivity（）：用明确 Intent 启动 Activity

明确 Intent 的用法如下：（假设要启动同一个程序中类名称为 Act2 的 Activity）

```
01 Intent it=new Intent（）;    // 创建 Intent 对象
02 It.setClass(this,Act2.class);    // 设置要启动的 Activity 类
03 startActivity(it);    // 启动目标 Activity
```

以上 setClass（）的第一个参数要传入当前所在的 Activity 对象，而第二个参数则传入要启动的类（在类名称之后加 .class 即代表类本身）。

以上第 1、2 行也可以合并如下（在创建 Intent 对象时一次完成）：

```
Intent it=new Intent（this,Act2.class）;  // 创建 Intent 对象并设置要启动的 Activity 类
startActivity(it);    // 启动目标 Activity
```

最后，以上的程序还可再简化如下，让程序更加精简。

```
startActivity（new Intent（this,Act2.class））;    // 就地创建 Intent 对象来启动
```

finish（）：结束 Activity

startActivity(Intent) 可以启动新的 Activity, 而 finish（）则可结束当前的 Activity。当启动新的 Activity 时，新的 Activity 会在前台执行，而原来的 Activity 则被推到后台暂停执行；当新的 Activity 结束时，在后台的 Activity 又会被提到前台来执行。

> **技巧：** 按手机上的返回（Back）键也可结束当前的 Activity，而回到上一个 Activity，效果等同于 finish（）。

请注意，startActivity（Intent）和 finish（）都是继承自 Activity 类的方法，因此可以在 Activity 类中直接调用。

5.3.1　范例：在项目中新增 Activity

步骤 1　请创建一个 Dome_5_4 项目，并在 String.xml 中将应用程序名称设为“活动 1”。

步骤 2　在 Project 窗格的 App 模块上单击鼠标右键，依次单击“New/Activity/Empty Activity”菜单选项，如图 5-2 所示。

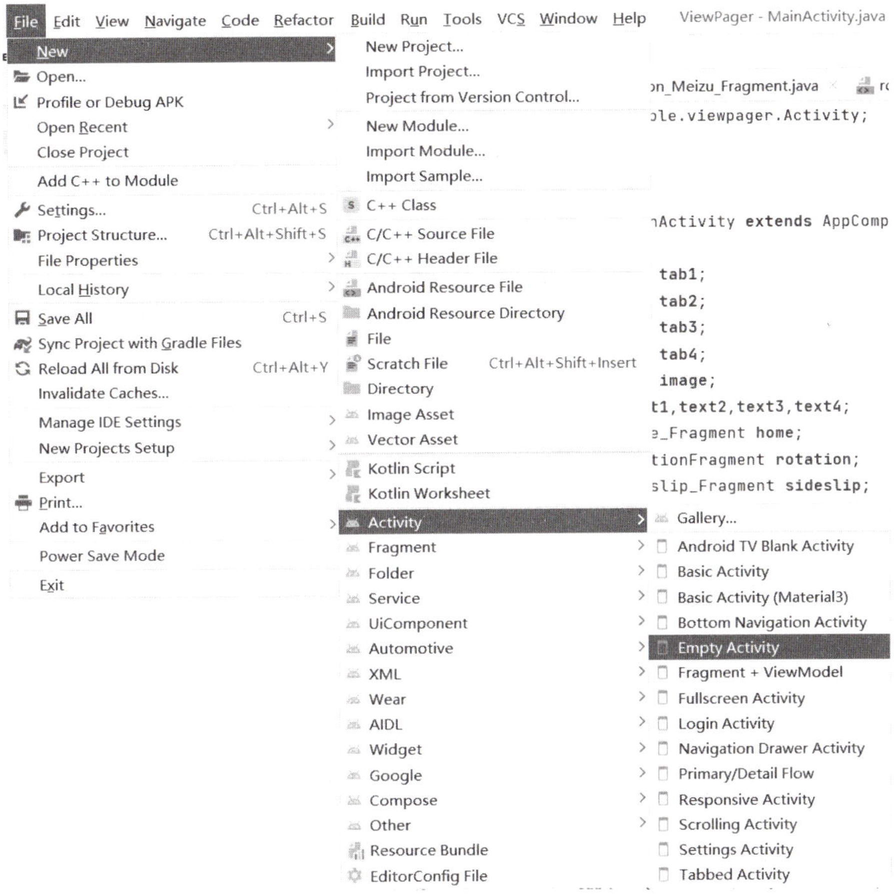

图 5-2　新增的 Activity

点击 Empty Activity 后按如下操作即可：设置好 Activity、布局文件和包名之后，点击 Finish 按钮即可完成创建，如图 5-3 所示。

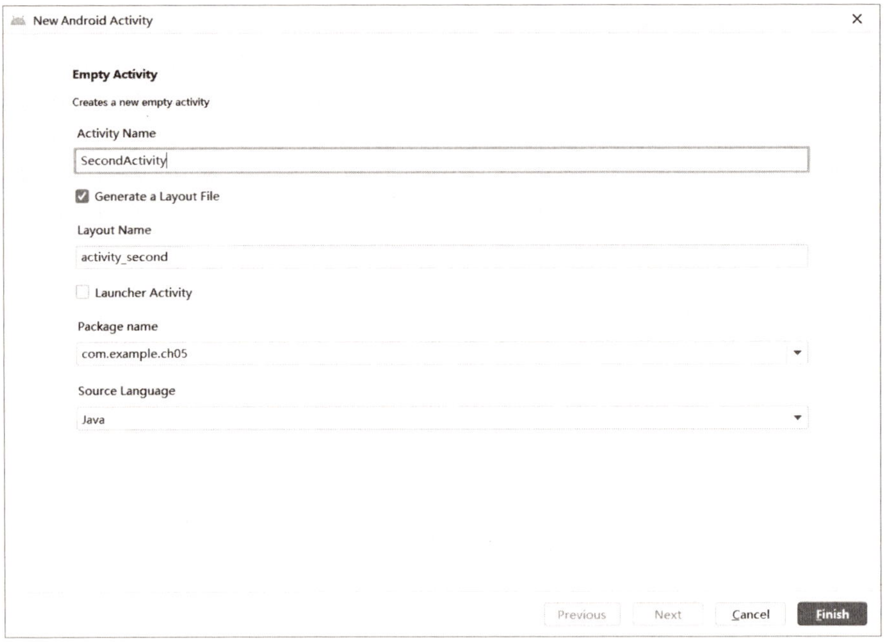

图 5-3　设置新的 Activity

需特别留意，不要勾选 Launcher Activity 前的复选框。

最终完成之后如图 5-4 所示。

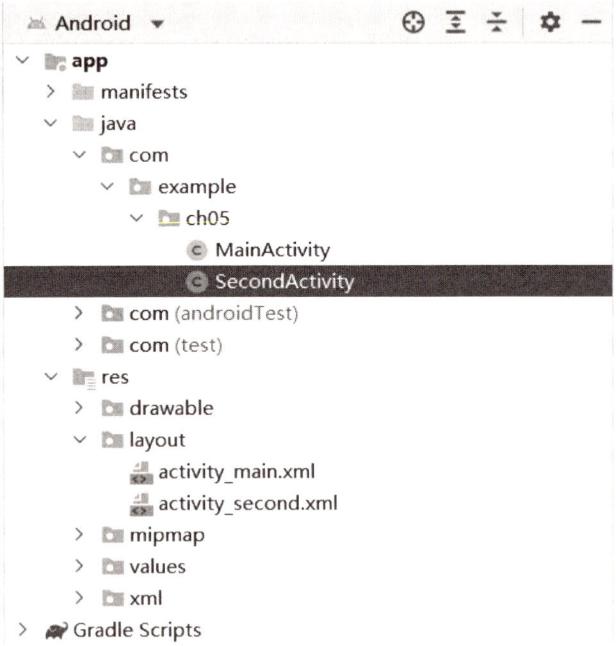

图 5-4　新增的 SecondActivity

如果还要创建更多的 Activity，只要如法炮制即可。

应用程序名称 vs. 活动标题

当用户在创建新项目时，须输入应用程序名称（Application Name），此名称会同时作为应用程序的名称及 MainActivity 的标题。而当我们新增活动时，则只需输入活动的标题（Title）即可。用户可打开 strings.xml 文件来查看或修改这两个名称，如图 5-5 所示。

activity_main.xml × | MainActivity.java × | activity_second.xml × | SecondActivity.java × | strings.xml ×

Edit translations for all locales in the translations editor.

```
<resources>
    <string name="app_name">活动1</string>

    <string name="Hello_world">Hello world</string>
    <string name="action_settings">Settings</string>
    <string name="title_activity_second">活动2</string>
</resources>
```

图 5-5　设置应用程序名称

不过当这个程序启动时，只会自动执行 MainActivity（也就是第一个创建的 Activity），其他的 Activity 必须用程序来启动，这部分在下一节有详细说明。

5.3.2　范例：用 Intent 来启动 Activity

接着就来体验使用 Intent 启动 Activity 的功能，所要实现的范例如图 5-6 所示。

图 5-6　运行效果

步骤 1　请从 Dome_5_5 项目复制出新项目，项目名称设为 Dome_5_6。

步骤 2　打开主 Activity 的布局文件（activity_main.xml），布局资源文件 activity_main.xml 如下：

```
<LinearLayout xmlns:android="http://schemas.android.com/apk/res/android"
    xmlns:tools="http://schemas.android.com/tools"
    android:id="@+id/activity_main"
    android:layout_width="match_parent"
    android:layout_height="match_parent"
    android:gravity="center"
    tools:context="com.example.myapplication656.MainActivity">

    <Button
        android:layout_width="wrap_content"
        android:layout_height="wrap_content"
        android:id="@+id/button1"
        android:text=" 启动活动 2"（如图 5-7 所示）
        android:onClick="gotoSecondActivity"/>
</LinearLayout>
```

图 5-7　添加 Button 组件

步骤 3 打开主 Activity 的类文件（MainActivity.java），加入 onClick（）方法如下：

```
public class MainActivity extends AppCompatActivity {

  @Override
  protected void onCreate(Bundle savedInstanceState) {
    super.onCreate(savedInstanceState);
    setContentView(R.layout.activity_main);
  }

  public void gotoSecondActivity(View v) {
    Intent it = new Intent(this, SecondActivity.class);  // 创建 Intent 并设置目标 Activity
    startActivity(it);  // 启动 Intent 中的目标 Activity
  }

}
```

步骤 4 打开第 2 个 Activity 的布局文件 (activity_second.xml)，布局资源文件 activity_second.xml 代码如下：

```
<?xml version="1.0" encoding="utf-8"?>
<LinearLayout xmlns:android="http://schemas.android.com/apk/res/android"
  android:layout_width="match_parent"
  android:layout_height="match_parent"
  android:orientation="vertical"
  android:gravity="center"
  >
  <Button
    android:layout_width="wrap_content"
    android:layout_height="wrap_content"
    android:id="@+id/tv1"
    android:text=" 返回活动 1"（如图 5-8 所示）
    android:onClick="goBack"

    />
</LinearLayout>
```

图 5-8　添加 Button 组件

步骤 5　打开新 Activity 的类文件（SecondActivity.java），加入 goBack（ ）方法如下：

```
public void goBack(View v) {
  finish ( ) ;  // 结束 Activity，即可回到前一个 Activity
}
```

修改好之后请执行程序测试。

5.3.3　范例：启动 Activity 时传送数据

接着来写一个“便捷备忘录”程序，效果如图 5-9、图 5-10 所示。

在用鼠标单击可以编辑备忘标签上时，会启动新的 Activity 来编辑选项内容，编辑完之后单击“存储”或“取消”按钮即可返回。不过，当前新的 Activity 还无法将编辑后的数据返回给 MainActivity，因此无法显示和保存在新的 Activity 中修改的数据，这部分留到下一节再来实现。

步骤 1　请新建一个 Dome_5_7 项目，并将程序名称设为“便捷备忘录”。

步骤 2　将布局文件中的“Hello World!”组件删除，然后加入一个 ListView 组件，如图 5-11 所示。

步骤 3　在 Project 窗格的 App 模块上单击鼠标右键，依次单击“New/Activity/

EmptyActivity”菜单选项，根据图 5-12 中所示分别完成新的 Activity 的类名称和标题，创建用来编辑备忘录内容的 Activity。

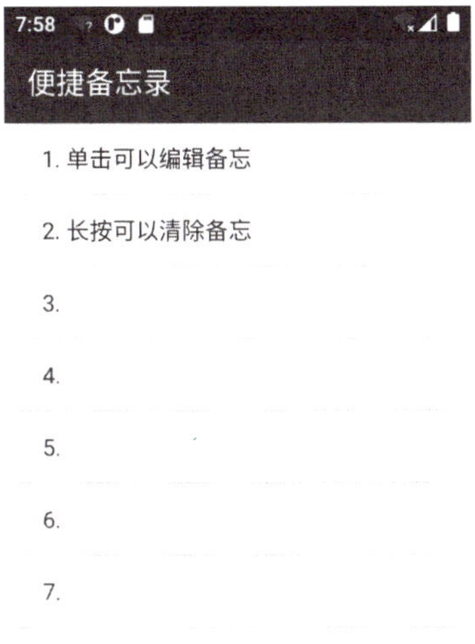

图 5-9　运行效果（一）

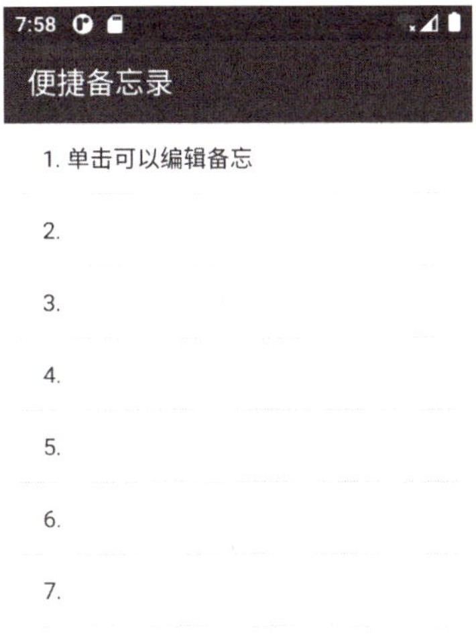

图 5-10　运行结果（二）

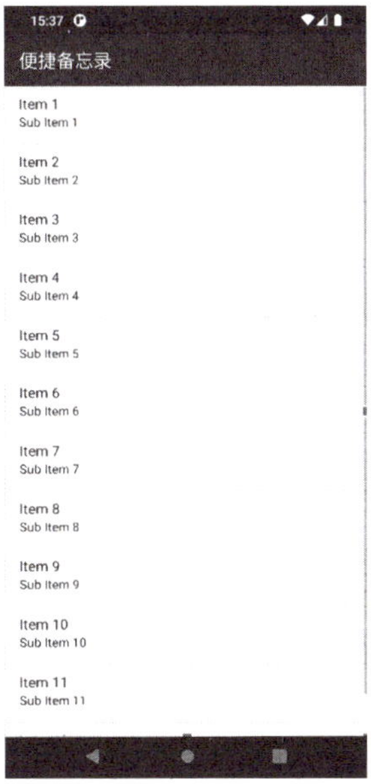

图 5-11　ListView 布局

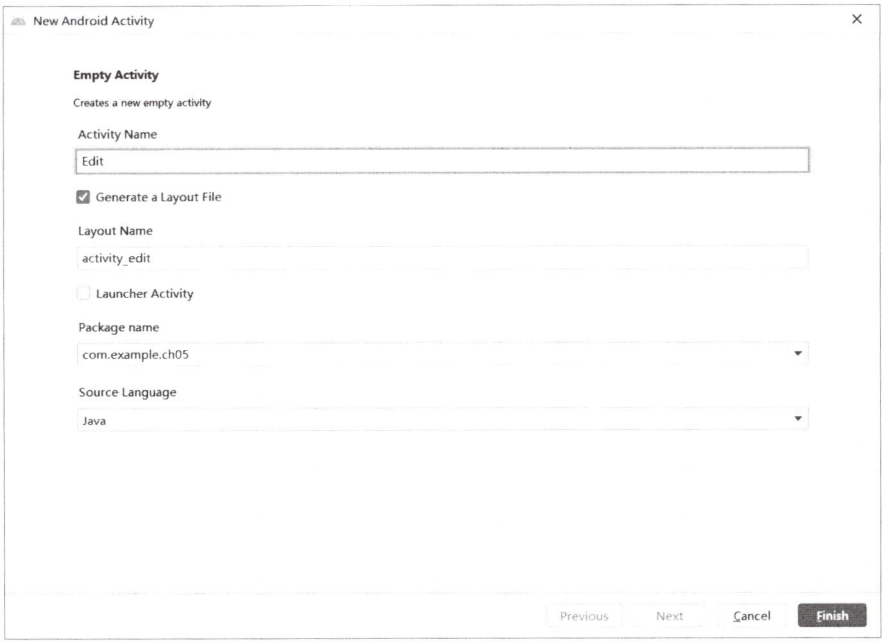

图 5-12　新增的 Activity

特别留意，不要勾选 Launcher Activity 前的复选框。

步骤 4　在新的 Activity 的布局文件(activity_edit.xml)中，将“Hello World!”组件删除，然后将 Layout 换成 LinearLayout(Vertical)（如图 5-13 所示），再设计如下。

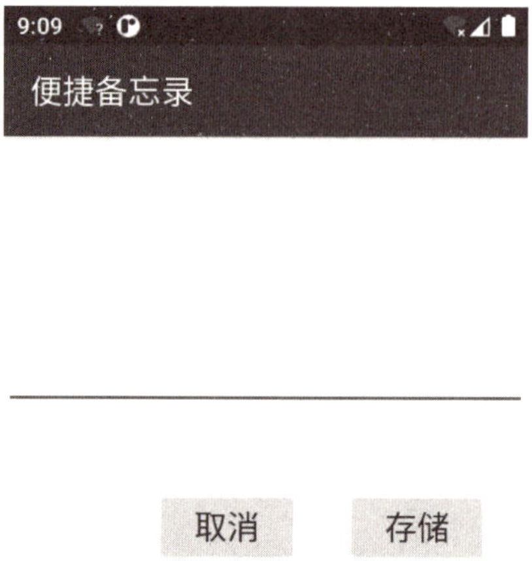

图 5-13　添加 LinearLayout

步骤 5　打开 MainActivity.java，首先声明变量：

```
01 public class MainActivity extends AppCompatActivity
02   implements OnItemClickListener, OnItemLongClickListener {
03
04   String[ ] aMemo = {   // 默认的备忘录内容
05     "1. 单击可以编辑备忘 ",
06     "2. 长按可以清除备忘 ", "3.", "4.", "5.", "6." };
07   ListView lv;   // 显示备忘录的 ListView
08   ArrayAdapter<String> aa;    //ListView 与备忘数据 aMemo 的桥梁
09
```

- 第 2 行让 MainActivity 可以监听 ListView 的单击与长按事件。
- 第 4 行声明用来存储备忘数据的数组，并预先放入提示用法的内容。
- 第 7、8 行声明用来显示备忘数据的 ListView 与中介的 ArrayAdapter。

步骤 6　接着修改 onCreate（ ）方法如下：

```
01 @Override
02 protected void onCreate(Bundle savedInstanceState) {
03   super.onCreate(savedInstanceState);
04   setContentView(R.layout.activity_main);
05
06   lv = (ListView)findViewById(R.id.listView);
07   aa = newArrayAdapter<>(this,
08       android.R.layout.simple_list_item_1, aMemo);
09
10   lv.setAdapter(aa);   // 设置 ListView 的内容
11
12   // 设置 ListView1 被单击的监听器
13   lv.setOnItemClickListener(this);
14   // 设置 ListView1 被长按的监听器
15   lv.setOnItemLongClickListener(this);
16 }
```

- 第 6 ~ 10 行设置显示备忘选项的 ListView 组件。
- 第 13 ~ 15 行设置让 MainActivity 监听 ListView 的单击与长按事件。

步骤 7　接着加入处理 ListView 单击与长按的事件处理方法：

```
public void onItemClick(AdapterView<?> a,
                        View v, int pos, long id) {
  Intent it = new Intent(this, Edit.class);
  it.putExtra(" 编号 ", pos+1);   // 附加编号
  it.putExtra(" 备忘 ", aMemo[pos]);   // 附加备忘选项的内容
  startActivity(it);   // 启动 Edit 活动
}

public Boolean onItemLongClick(AdapterView<?> a,
          View v, int pos, long id) {
  aMemo[pos] = (pos+1) + " . ";   // 将内容清除（只剩编号）
  aa.notifyDataSetChanged（）；  // 通知 ListView 要更新显示的内容
  return true;   // 返回 true 表示此事件已处理
}
```

- 第 1 行和第 9 行分别编写“单击”和“长按”列表选项时的事件处理方法。
- 第 3 ~ 6 行声明 Intent 对象并附加被单击选项的相关数据，然后启动新的 Activity。由于传入的 pos 参数是从 0 算起的，所以要先加 1 才是编号值。
- 第 11 ~ 13 行将长按选项重设为编号加句点（例如：“1.”）。请注意，在 11 行更改字符串数组内容后，还要执行 notifyDataSetChanged（）来通知 ListView 对象更新其显示的内容。

步骤 8　打开新 Activity 的 Edit.java 程序，修改 onCreate（）方法，然后加入两个单击事件的处理方法如下：

```
01 protected void onCreate(Bundle savedIntanceState) {
02   super.onCreate(savedInstanceState);
03   setContentView(R.layout.activity_edit);
04
05   Intent it = getIntent（）;  // 获取传入的 Intent 对象
06   int no = it.getIntExtra(" 编号 ", 0);  // 读出名为 " 编号 " 的 Int 数据，若没
     有则返回 0
07   String s = it.getStringExtra(" 备忘 ");  // 读出名为 " 备忘 " 的 String 数据
08
09   TextView txv = (TextView)findViewById(R.id.textView);
10   txv.setText(no + " . ");  // 在画面左上角显示编号
11   EditText edt = (EditText)findViewById(R.id.editText);
12   if(s.length（）> 3)
13     edt.setText(s.substring(3));  // 将传来的备忘数据去除前 3 个字符，然后
       填入 EditText 组件中
14 }
15
16 public void onCancel(View v) {  // 单击取消按钮时
17   finish（）;  // 结束 Activity
18 }
19 public void onSave(View v) {  // 单击存储按钮时
20   finish（）;  // 结束 Activity
21 }
```

- 第 5 ~ 7 行获取主 Activity 传来的 Intent 对象并读取其中的数据，然后在第 10 行和第 13 行将数据填入画面的组件中。请注意，只有当传来备忘字符串的长度大于 3 时，才截取第 3 个字符之后的数据放入 EditText 组件中，例如传来“2. 长按…”时，则截取出“长按…”放入 EditText 组件中。
- 第 16 ~ 19 行是取消按钮和存储按钮的事件处理方法，此处只用 finish（）来结

束 Activity。（在下一节中会改写，以便将修改后的数据返回主 Activity 中）

Java 补给站：用 substring（）截取子字符串

String 对象的 substring（ ）方法可用来截取子字符串，有以下两种用法：

- substring(int start): 截取从 start 位置（从 0 算起）开始，到字符串结束的所有字符。例如“abcde”.substring(1) 的结果为“bcde”。
- substring(int start,int end): 截取从 start 到（end-1）之间的字符。例如“abcde”.substring(1,3) 的结果为“bc”。

notifyDataSetChanged（）：更新显示选项

除了直接更换 ArrayAdapter 对象来更改显示的选项外，也可以如同本例中的做法，直接修改作为 ArrayAdapter 对象数据源的数组内容，再调用 ArrayAdapter 的 notifyDataSetChanged（ ）方法，Spinner 或是 ListView 就会更新其显示内容。

5.3.4　范例：Activity 结束时返回数据

接着我们要修改前面的范例，以便让新 Activity 中修改的备忘内容能返回主 Activity 中。

由于启动新的 Activity 时多了一个标识符参数可用，因此我们改用此标识符来传送编辑选项的位置（从 0 算起），而不再将选项编号附加到 Intent 对象中；当新的 Activity 返回数据时，也会自动返回此标识符。

步骤 1　请将 Ch05_Memo 项目复制 1 份，并命名为 Dome_5_8。

步骤 2　打开主 Activity 的 MainActivity.java 程序文件，修改 onItemClick（ ）方法如下所示。

```
01 public void onItemClick(AdapterView<?> a, View v, int pos, long id) {
02
03     Intent it = new Intent(this, Edit.class);
04     it.putExtra(" 备忘 ", aMemo[pos]);  // 只附加备忘选项的内容（而不用再
       附加编号）
05     startActivityForResult(it, pos);   // 启动 Edit 并以选项位置为标识符
06 }
```

- 第 5 行将原来的 startActivity(it) 改为 startActivityForResult(it, pos)，以便让新 Activity 可以返回数据。第 1 个参数为夹带数据的 Intent 对象；第 2 个参数为标识符，此处是传入要编辑选项的位置（从 0 算起）。

步骤 3 新增 onActivityResult（）方法如下：

```
01 protected void onActivityResult(int requestCode, int resultCode, Intent it) {
02
03   if(resultCode == RESULT_OK) {
04     aMemo[requestCode] = it.getStringExtra(" 备忘 "); // 使用返回的数据更新数组内容
05     aa.notifyDataSetChanged（）；  // 通知 Adapter 数组内容有更新
06   }
07 }
```

●第 1 个参数（requestCode）是标识符（代表编辑选项的位置），第 2 个参数可用来在第 3 行判断编辑是否成功，第 3 个参数则为夹带数据的 Intent 对象。

●第 4 行从 Intent 对象中取出编辑后的备忘数据，然后存到的 request（Code）位置的备忘选项中。第 5 行则通知 ListView 要更新显示的内容。

步骤 4 打开新的 Activity 的 Edit.java 程序文件，修改如下：

```
01 public class Edit extends AppCompatActivity {
02   TextView txv;  // 将第 12 行的变量声明移到此处
03   EditText edt;  // 将第 14 行的变量声明移到此处
04
05   @Override
06   protected void onCreate(Bundle savedInstanceState) {
07     super.onCreate(savedInstanceState);
08     setContentView(R.layout.activity_edit);
09
10     Intent it = getIntent（）；  // 获取传入的 Intent 对象
11     String s = it.getStringExtra(" 备忘 ");  // 读出名为“备忘”的 String 数据（而不用再读取编号数据）
12     txv = (TextView)findViewById(R.id.textView);  // 将 txv 改在第 2 行声明
13     txv.setText(s.substring(0,2));  // 将编号显示在画面左上角
14     edt = (EditText)findViewById(R.id.editText);
15     if(s.length（）> 3)  // 将 edt 改在第 3 行声明
16       edt.setText(s.substring(3));  // 将备忘数据去除前 3 个字符，再填入编辑组件中
17   }
18
```

```
19    public void onCancel(View v) {   // 单击取消按钮时
20        setResult(RESULT_CANCELED);
21        finish ( ) ;   // 结束 Activity
22    }
23    public void onSave(View v) {   // 单击存储按钮时
24        Intent it2 = new Intent ( ) ;
25        it2.putExtra(" 备忘 ", txv.getText ( )  + ".") + edt.getText ( ) );   // 附
      加选项编号与修改后的内容
26        setResult(RESULT_OK, IT2);   // 返回成功选项及修改后的数据
27        finish ( ) ;   // 结束 Activity
28 }
…
```

●第 13 行直接从传来的备忘数据中截取前 2 个字符（选项编号）显示在左上角的 TextView 中。

●第 20 行为单击取消按钮时，将取消的结果码（RESULT_CANCELED）返回主 Activity。

●第 25 行为单击存储按钮时，将“TextView 中的选项编号”与“EditText 中的修改内容”中间加一空白合并起来，然后附加到 Intent 对象中，再于第 26 行将成功的结果码（RESULT_OK）与 Intent 对象一起返回主 Activity。

步骤 5　执行程序看看，如果要输入中文，建议在实体机上测试会比较方便，如图 5-14 ~ 图 5-16 所示。

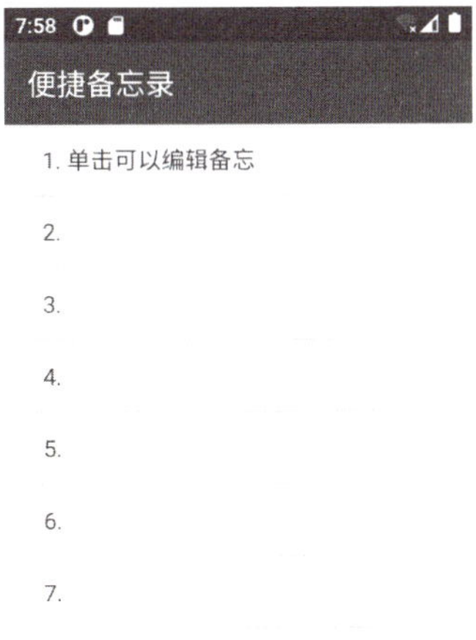

图 5-14　运行结果

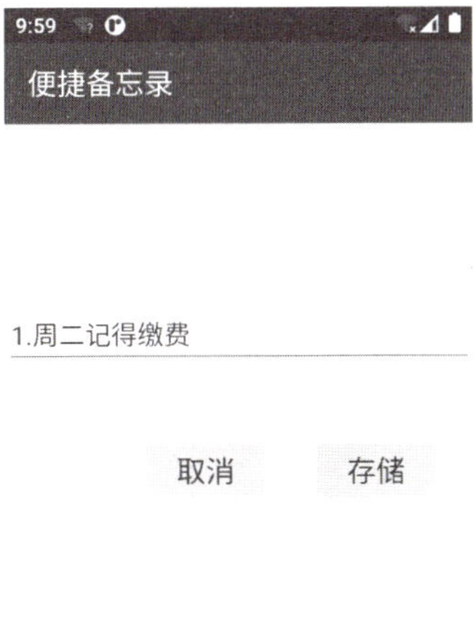

图 5-15　添加备忘

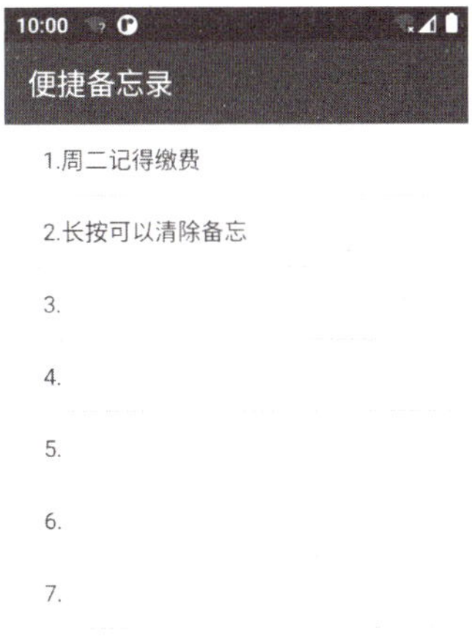

图 5-16　存储结果

5.4　用 Intent 启动手机内程序

5.4.1　范例：启动快速拨号

下面的范例使用 Intent 来启动系统内建的拨号程序，并将要拨打的电话号码自动填入拨号栏中，如图 5-17 所示。

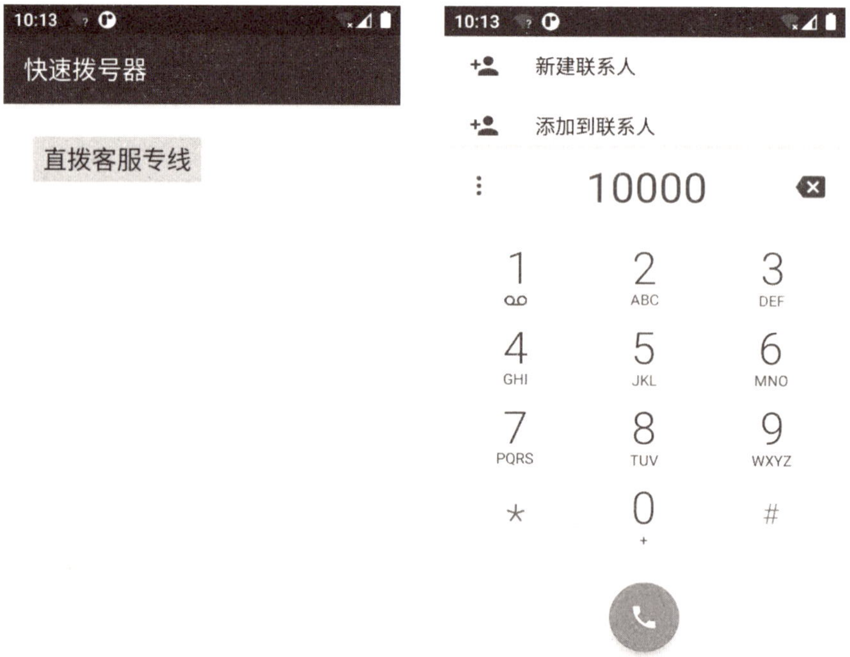

图 5-17　运行效果

以上 10000 是电信的免费服务电话，您可将程序中的号码换成您所属公司的免费服务电话。

> **技巧：** 如果是国际号码，最前面要多加一个 + 号及国际码或地区码，例如：tel:+86-10-23963257（就是把区域号码或手机号码前的 0 换成“+ 国际码”，例如中国为 +86）。

步骤 1　请新建一个 Dome_5_9 项目，并将程序名称设为“快速拨号程序”。

步骤 2　在 Layout 界面中将默认的“Hello World!”组件删除，修改后如图 5-18 所示。

图 5-18　添加 Button 组件

步骤 3　在 MainActivity 类中加入 onClick（ ）方法如下：

```
01 public class MainActivity extends AppCompatActivity {
02
03   public void onClick(View v) {
04     Intent it = new Intent（ ）;   // 新建 Intent 对象
05     it.setAction(Intent.ACTION_VIEW);   // 设置动作：显示数据
06     it.setData(Uri.parse("tel:10000"));   // 设置数据：用 URI 指定电话号码
07     startActivity(it);   // 启动适合 Intent 的 Activity
08   }
   …
23 }
```

- 第 6 行直接调用 Uri.parse（ ）来生成 Uri 对象，并作为 setData（ ）的参数。

直接拨出电话

本例中的 ACTION_VIEW 也可换成 ACTION_DIAL，效果是一样的。若换成 ACTION_CALL，则可以直接拨出电话，不过此时必须在 AndroidManifest.xml 中加上“拨打电话”的权限“android.permission.CALL_PHONE”才行，如图 5-19 所示。

```
<uses-permission android:name="android.permission.CALL_PHONE"/>

<application
    android:allowBackup="true"
    android:dataExtractionRules="@xml/data_extraction_rules"
    android:fullBackupContent="@xml/backup_rules"
```

图 5-19　添加用户权限

5.4.2　范例：启动电子邮件、短信和浏览器

本节我们要写一个 App 启动器，可以用来启动电子邮件、短信、浏览器、地图及 Web 搜索，如图 5-20 所示，建议读者在实体机上测试较为方便，否则必须按后面的说明设置仿真器。

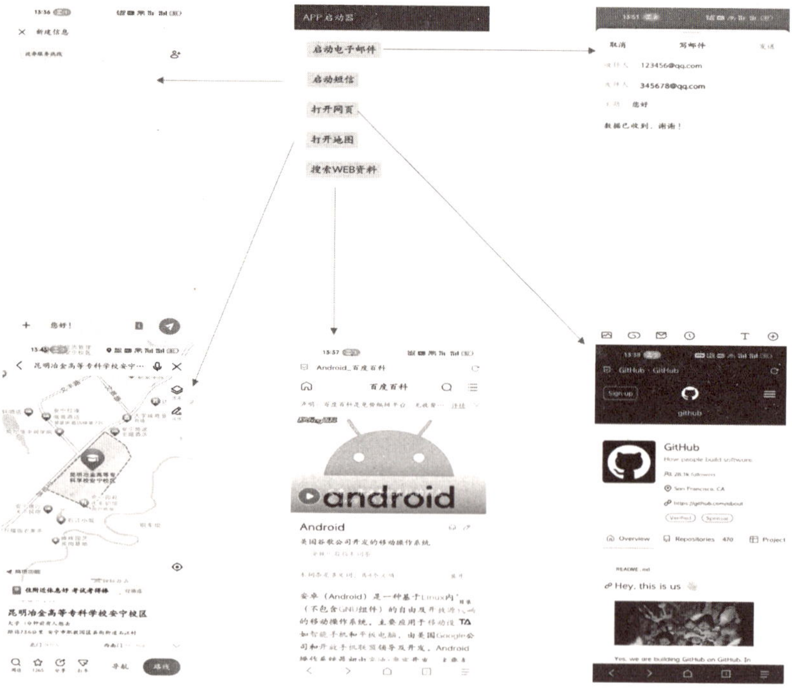

图 5-20　运行结果

技巧：在启动新的 Activity 后，可按返回键回到原来的 Activity 中。另外，在浏览器中双击，可以放大 / 缩小网页内容。

在仿真器中使用 E-mail 程序及地图功能

由于仿真器中没有 E-mail 程序，因此请使用实体机测试。

若要使用地图功能，则在仿真器的 Target 设置中必须选用 Google API 才行，如图 5-21 所示。

API 33 Download	33	x86_64	Android API 33 (Google
Sv2 Download	32	x86_64	Android API 32 (Google
S Download	31	x86_64	Android 12.0 (Google AF
R Download	30	x86	Android 11.0 (Google AF
Q Download	29	x86	Android 10.0 (Google AF

图 5-21　Update AVD

如果尚未安装所需的 Google API，可依次单击“Tools/Android/SDK Manager”命令（或单击工具栏的按钮）启动 AVD Manager 和单击来安装 SDK Manager。（最新的安装说明，请参见旗标 Android 门户网站 www.flag.com.tw/android 中《Android SDK 的下载、管理与更新》单元）

步骤 1　新建一个 Demo_5_10 项目，并将程序名称设为“App 启动器”。

步骤 2　将 Layout 界面中的“Hello world!”组件删除，加入按钮并设置 onClick（）方法名，修改后如图 5-22 所示。

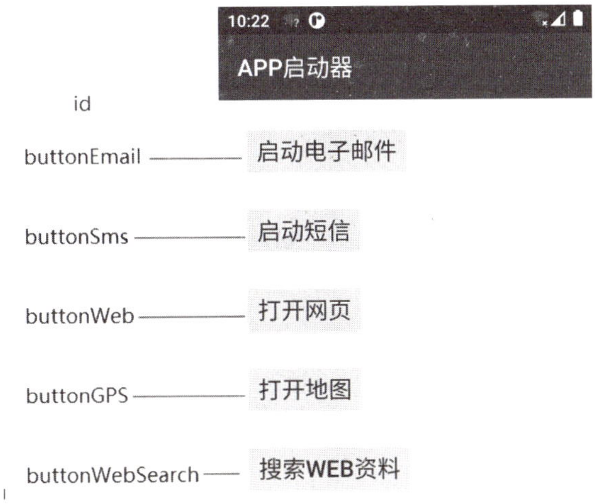

图 5-22　设置单个 Button 单击属性

步骤 3 接着修改程序，由于已经将 5 个按钮的 onClick 属性均设为 onClick，因此只需在 MainActivity 类中加入 onClick( ) 方法，然后按照按钮的资源 ID 来分别处理即可：

```
01 public void onClick(View v) {
02 Intent it = new Intent(Intent.ACTION_VIEW);    // 创建 Intent 并制定默认动作
03
04 switch(v.getId ( ) ) {  // 读取按钮的资源 ID 来进行相关处理
05 case R.id.buttonEmail:  // 指定 E-mail 地址
06 it.setData(Uri.parse("mailto:service@flag.com.tw"));
07 it.putExtra(Intent.EXTRA_CC,  // 设置副本收件人
08 new String[ ] {test@flag.com.tw});
09 it.putExtra(Intent.EXTRA_SUBJECT," 数据已收到 ");    // 设置主题
10 it.putExtra(Intent.EXTRA_TEXT," 您好 ,\n 已收到 , 谢谢！ ");    // 设置
   内容
11 break;
12 case R.id.buttonSms:  // 指定短信的发送对象和内容
13 it.setData(Uri.parse("sms:0999-123456?body= 您好 !"));  // 请换成适当的
   号码
14 break;
15 case R.id.buttonWeb:  // 指定网址
16 it.setData(Uri.parse("http://sina.cn/?from=wap"));
17 break;
18 case R.id.buttonGps:  // 指定 GPS 坐标：北京西站火车站
19 it.setData(Uri.parse("geo:39.896068,116.151147"));
20 break;
21 case R.id.buttonWebSearch:  // 搜索 Web 数据
22 it.setAction(Intent.ACTION_WEB_SEARCH);  // 将动作改为搜索
23 it.putExtra(SearchManager.QUERY, " 新浪网站 ");
24 break;
25 }
26 startActivity(it);  // 启动适合 Intent 的程序
27
```

- 第 4 行利用在第 1 行传入的 View 对象 v，执行其 v.getId ( ) 方法获取被单击的按钮的资源 ID，然后用 switch 按照资源 ID 来进行不同的处理。最后在第 26 行执行 startActivity ( ) 启动 Intent。
- 第 22 行将 Intent 默认的 ACTION_VIEW 动作（在第 2 行设置）改为 ACTION_WEB_SEARCH，以便搜索 Web 数据。

当有多个适合启动 Intent 的程序时

在启动 Intent 时，若有多个适合的程序，系统则会自动显示程序列表供用户选择。例如，手机中装了 2 个浏览器，在启动内含网址或搜索 Web 的 Intent 时，就会让用户选择要使用哪一个浏览器打开。

如果希望只要有多个适合程序就固定出现选项（而无论用户是否设置了默认程序）或是想要自定义选项的标题，那么可以将前面程序的第 26 行改为：startActivity(Intent.createChooser(it," 请选择 "))。

ACTION_SEARCH：通用的搜索功能

若将前例中的 Web 搜索从 ACTION_WEB_SEARCH 改为 ACTION_SEARCH，则会列出系统中所有支持搜寻功能的程序供用户选择，如图 5-23 所示。

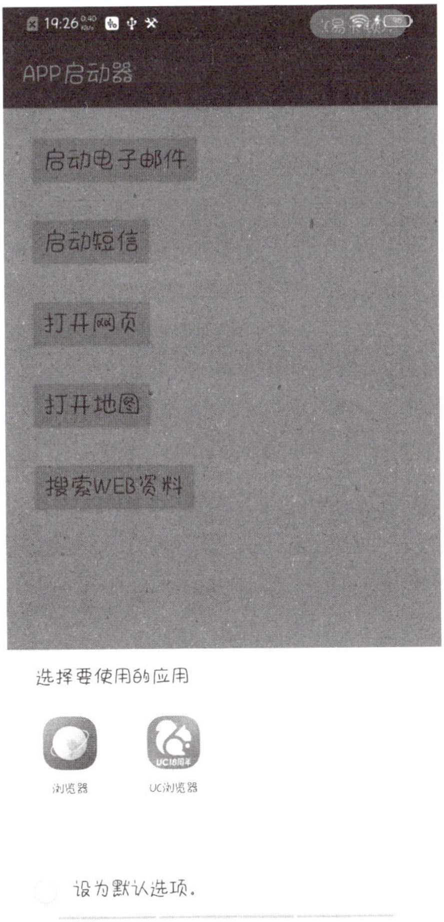

图 5-23　选择执行

5.4.3 范例：启动系统相机拍照

几乎所有的 Android 手机都具备相机功能，如果在程序中需要拍照，那么最简单的方法就是用 Intent 来启动系统的“相机”程序，让它帮我们拍照。

例如：下面的程序代码就可以启动相机程序，并在拍照后将照片的压缩图返回程序中：

```
Intent it=new Intent(MediaStore.ACTION_IMAGE_CAPTURE);   // 创建 Intent
startActivityForResult(it,100);   // 用 Intent 启动程序，并要求返回数据
```

Intent 的“动作”要设为 MediaStore. ACTION_IMAGE_CAPTURE，然后再用 startActivityForResult( )来启动 Intent，此方法的第 2 个参数 100 是我们自定义的标识符(也可以设置其他的值)，当相机程序在拍照完后将数据返回时，可用于识别的目的，例如：

```
protected void onActivityResult(int reqCode,int resCode,Intent data){
  super.onActivityResult(reqCode,resCode,data);
  if (resCode == Activity.RESULT_OK && reqCode == 100) {   // 拍到照片时
    // 处理返回的数据
  }
  else{  // 没拍到照片时
    Toast.makeText(this," 没有拍到照片 ",Toast.LENGTH_LONG).show ( ) ;
  }
}
```

利用 Bundle 取出 Intent 中附带的 Bitmap 对象

用 Intent 启动的相机程序在拍照后，默认会将照片的压缩图打包成 Bitmap 对象放在 Intent 中返回，因此我们可以从 Intent 中取出 Bitmap 数据来显示。不过，由于 Intent 并未提供直接取出“对象”（如 Bitmap）的方法，因此要先将 Intent 的附加数据转成 Bundle 对象，再用 Bundle 的 get（ ）来取出：

```
protected void onActivityResult(int reqCode,int resCode,Intent data){
  super.onActivityResult(reqCode,resCode,data);
  if (resCode == Activity.RESULT_OK && reqCode == 100) {   // 拍到照片时
      Bundle bdl = data.getExtras ( ) ;   // 将 Intent 的附加数据转为 Bundel 对象
      Bitmap bmp = (Bitmap) bdl.get("data");   // 从 Bundle 取出名为 "data" 的
Bitmap 数据
```

```
        ImageView imv=(ImageView)findViewById(R.id.imageView1);
        imv.setImageBitmap(bmp);
    }
    else{  // 没拍到照片时
        Toast.makeText(this," 没有拍到照片 ",Toast.LENGTH_LONG).show ( ) ;
    }
}
```

学会利用 Intent 拍照的技巧后，接着来实现一个“Easy 相机”范例！此范例由于用到拍照功能，因此必须在手机上测试，执行结果如图 5-24 ~ 图 5-27 所示。

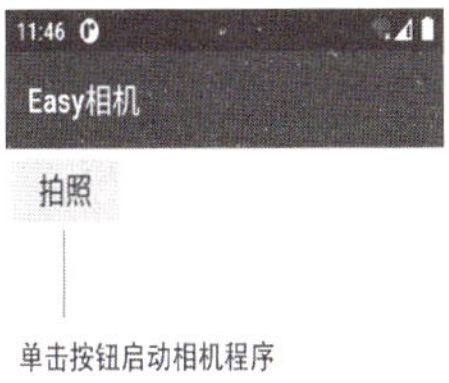

图 5-24　启动相机程序

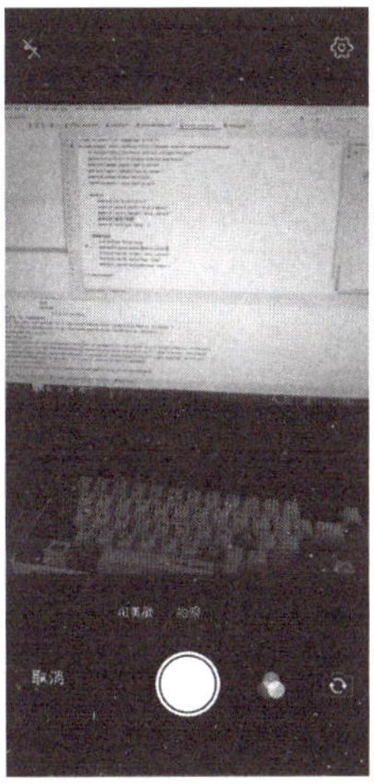

图 5-25　执行拍照

图 5-26　拍照结果

图 5-27　最终效果

技巧：启动相机程序后若不想拍照，则可按手机的返回键回到我们的程序中，此时会显示没有拍到照片 Toast 信息。

步骤 1 新建 Dome_5_11 项目，并将程序名称设为“Easy 相机”。

步骤 2 在 Layout 界面中将默认的“Hello World”组件删除，再将 RelativeLayout 更换为 LinearLayout（vertical），并将其 paddin 属性清除（内部边界不要留白，以便有较大的显示区域）。然后加入如图 5-28 中的 2 个组件。

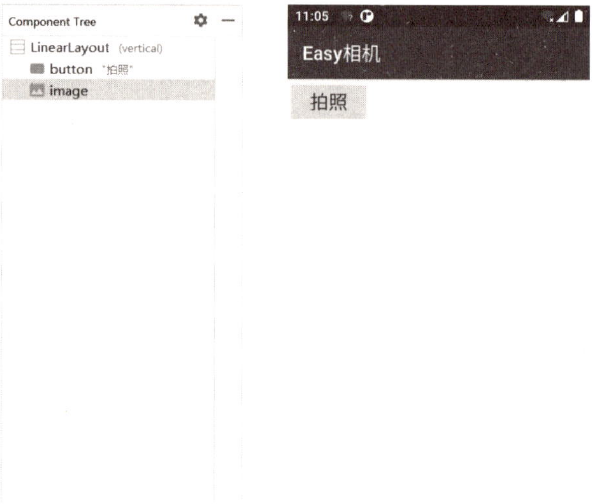

图 5-28 添加相应组件

将 ImageView 的 scaleType 属性设为“centerInside”，表示当图片较小时要居中显示，图片太大时则要等比例缩小为刚好可以显示全图。

步骤 3 接着编写程序，由于已设置了拍照按钮的 onClick 属性，因此先在 MainActivity 中加入 onGet（）事件处理方法，然后再加入拍照完会被执行的 onActivityResult（）方法：

```
package zy.com.jcwl.ch05_camera;

import …
…

public class MainActivity extends AppCompatActivity {

```

```
15  @Override
16  protected void onCreate(Bundle savedInstanceState) {
17      super.onCreate(savedInstanceState);
18      setContentView(R.layout.activity_main);
19  }
20
21  public void onGet(View v) {
22      Intent it = new Intent(MediaStore.ACTION_IMAGE_CAPTURE); // 创建动作
        为拍照的意图
23      startActivityForResult(it, 100);  // 启动意图并要求返回数据
24  }
25
26 protected void onActivityResult (int requestCode, int resultCode, Intent data) {
27      super.onActivityResult(requestCode, resultCode, data);
28
29      if(resultCode == Activity.RESULT_OK && requestCode==100) {
30          Bundle extras = data.getExtras ( ) ;        // 将 Intent 的附加数据转为
            Bundle 对象
31          Bitmap bmp = (Bitmap) extras.get("data"); // 由 Bundle 取出名为 "data" 的
            Bitmap 数据
32          ImageView imv = (ImageView)findViewById(R.id.imageView);
33          imv.setImageBitmap(bmp);              // 将 Bitmap 数据显示在 ImageView 中
34      }
35      else {
36          Toast.makeText(this, " 没有拍到照片 ", Toast.LENGTH_LONG).show ( ) ;
37      }
38  }
39 }
```

- 第 21 ~ 24 行是当用户单击拍照按钮时会被执行的方法。
- 第 26 ~ 38 行是当用户拍完照后会被执行的方法，而拍照的压缩图会放在返回的 Intent 参数 data 中。

步骤 4　完成后，请在实体机中测试结果，看是否和本范例最前面的示范相同。

6 项目 6 Service 组件

6.1 Service 组件的简单介绍

Service 是一个 Android 系统中的应用程序组件，与 Activity 的级别差不多，但是它没有图形化界面，不能自己运行，只能在后台运行，并且可以与其他组件进行交互，如更新 Content Provider、Intent 以及系统的通知等。

服务没有可视化接口，但可以在后台运行。例如，当用户进行其他操作时，可以利用服务在后台播放音乐，或者在来电时，利用服务同时进行其他操作。服务类必须从 android.app.Service 继承。

举一个非常简单地使用服务的例子。手机中会经常使用播放音乐的软件，在这类软件中经常会有循环播放或随机播放的功能。虽然软件中可能会有相应的功能（通过按钮或菜单进行控制），但用户可能会一边放音乐、一边在手机上做其他事情，如与朋友聊天、看小说等。在这种情况下，用户不可能在一首音乐播放完后再回到软件界面进行重放的操作。因此，可以在播放音乐的软件中启动一个服务，由这个服务来控制音乐的循环播放，而且服务对用户是完全透明的，这样用户完全感觉不到后台服务的运行，甚至可以在音乐播放软件关闭的情况下，仍然播放后台背景音乐。

除此之外，其他程序还可以与服务进行通信。当与服务连接成功后，就可以利用服务中共享的接口与服务进行通信。例如，控制音乐播放的服务允许用户暂停、重放、停止音乐的播放，与其他组件一样，Service 运行在主线程中，因此不能用来做耗时的请求或者动作。可以在服务中开一个线程，在线程中做耗时动作，如从网络下载大文件等服务，否则会影响 UI 操作或阻塞主线程中的其他事件。

Service 一般分为本地服务和远程服务两种。

（1）本地服务（Local Service）。Local Service 用于应用程序内部。Service 可以通过调用 Context.startService（ ）启动，调用 Context.stopService（ ）结束。在内部可以调用 Service.stopSelf( )或 Service.stopSelf-Result( )来自己停止。无论调用多少次 startService( )，都只需要调用一次 stopService（ ）停止。Local Service 可用于实现应用程序的一些耗时任务（如查询升级信息），并不占用应用程序（如 Activity 所属线程），而是单开线程

后台执行，这样用户体验比较好。

（2）远程服务（Remote Service）。Remote Service 用于 Android 系统内部的应用程序之间。可以定义接口并把接口暴露出来，以便其他应用进行操作。客户端建立到服务对象的连接，并通过该连接来调用服务。调用 Context.bindService（）方法建立连接，并启动，以调用 Context.unbindService（）关闭连接。多个客户端可以绑定至同一个服务。如果服务此时还没有加载，bindService（）会先加载它。Remote Servic 可提供给其他应用复用，比如定义一个天气预报服务，提供与其他应用调用即可。

6.2　初步认识什么是 Service

6.2.1　通过 startService 方法启动本地服务示例

我们可以定义一个本地服务继承 Service，然后在这个服务中播放媒体播放器或者记录地理位置变化。有时 Service 要与 Activity 交互，那么可以定义一个内部类，返回这个 Service。当然我们要考虑到如果是以绑定方式启动服务，那么内部类可以定义为继承 Binder，然后返回本地服务。

创建一个 Service，通过扩展 Service 基类来定义一个 Service。需要重写 onBind 和 onCreate 方法，在多数情况下，还需要重写 onStart 方法，这个方法在 Service 通过 startService 启动时会调用，因此在 Service 的生命周期里，它能执行很多次。

onBind（Intent intent）：必须要实现的方法。

onCreat（）：当 Service 第一次被创建时，由系统调用该方法。

OnStart（Intent intent，int startId）：当通过 startService（）方法启动服务时调用。

onDestroy（）：当服务不再使用时，由系统回调。

本地服务编写比较简单。首先要创建一个 Service 类，该类继承 Android 的 Service 类。这里编写一个播放音乐的类，程序运行后，会发现音乐在后台播放。

【例 6-1】 创建一个应用，建立名为 Demo_6_1 的 Android 工程。在 res 文件夹中创建一个 raw 文件，放入一个音乐文件 music.mp3。在 src 文件夹下的包 com.Demo_6_1 中新增 java 类 localservicedemo.java，打开 java 文件夹下的包 com.Demo_6_1 中 MainActivity 类，修改如下代码：

```
package com.Demo_6_1;
import android.content.Intent;
import androidx.appcompat.app.AppCompatActivity;
import android.os.Bundle;
```

```
public class MainActivity extends AppCompatActivity {
   @Override
   protected void onCreate(Bundle savedInstanceState) {
      //TODO Auto-generated method stub
      super.onCreate(savedInstanceState);
      setContentView(R.layout.activity_main);
     // 启动一个 service 名为 localservicedemo
      startService(new Intent(this, localservicedemo.class));
   }
}
```

localservicedemo.java 代码如下：

```
package com.Demo_6_1;
import android.app.Service;
import android.content.Intent;
import android.media.MediaPlayer;
import android.os.IBinder;



public class localservicedemo extends Service {
   @Override
   public IBinder onBind(Intent arg0) {
      //TODO Auto-generated method stub
      return null;
   }
   public void onCreate ( ) {
      // 调用媒体播放，播放 raw 中的一个音乐文件
      MediaPlayer player = MediaPlayer.create(this, R.raw.music);
      // 启动媒体播放
      player.start ( ) ;
   }
}
```

注意需要将该服务注册到配置文件 AndroidManifest.xml 中，否则无法找到，代码如下:

```
<?xml version="1.0" encoding="utf-8"?>
<manifest xmlns:android="http://schemas.android.com/apk/res/android"
  package="com.Demo_6_1">

  <application
    android:allowBackup="true"
    android:icon="@mipmap/ic_launcher"
    android:label="@string/app_name"
    android:supportsRtl="true"
    android:theme="@style/AppTheme">
    <activity android:name=".MainActivity">
      <intent-filter>
        <action android:name="android.intent.action.MAIN" />

        <category android:name="android.intent.category.LAUNCHER" />
      </intent-filter>
    </activity>
    <!-- 注册服务，否则报错 -->
    <service android:name="localservicedemo"/>
  </application>

</manifest>
```

6.2.2　通过绑定的方法启动一个本地 Service

上边的例子是通过 startService 调用服务，Service 会经历 onCreate->onStart。应用程序可以通过调用 startService 方法来启动 Service。如果当前没有指定的 Service 实例被创建，则该方法会被调用 Service 的 onCreat 方法来创建一个实例；否则调用 Service 的 onStart 方法。

如果是调用者（mainactivity）自己直接退出，Service 会一直在后台运行，直到调用 stopService（ ）或 stopSelf（ ）方法，或者下次在 MainActivity 中启动停止服务。

如果通过 bindService 启动一个服务，则 Service 只会运行 onCreate，它是不会调用 onStart 方法的。这个时候调用者 MainActivity 和 Service 绑定在一起，调用者 MainActivity 退出了，Service 就会停止服务，所谓绑定在一起就共存亡了。

【例 6-2】 创建一个应用，建立名为 Demo_6_2 的 Android 工程。在 src 文件夹下的包 com.Demo_6_2 中新增 java 类 mylocalservice.java，打开 java 文件夹下的包 com.Demo_6_2 中 MainActivity 类，修改代码如下。

```
package com.Demo_6_2;

import android.content.ComponentName;
import android.content.Intent;
import android.content.ServiceConnection;
import android.os.IBinder;
import android.support.v7.app.AppCompatActivity;
import android.os.Bundle;

public class MainActivity extends AppCompatActivity {
   // 定义一个成员变量
   private ServiceConnection serviceConnection;

   @Override
   protected void onCreate(Bundle savedInstanceState) {
      super.onCreate(savedInstanceState);
      setContentView(R.layout.activity_main);
      //ServiceConnection 实例化，创建该对象
      serviceConnection = new ServiceConnection ( ) {
         // 实现 onServiceConnected 方法
         @Override
         public void onServiceConnected(ComponentName arg0, IBinder arg1) {
         }
         // 实现 onServiceDisconnected
         @Override
         public void onServiceDisconnected(ComponentName arg0) {

         }
      };
      // 绑定服务
       Intent intent=new Intent ( ) ;
       intent.setClassName("com.example.Demo_6_2","com.example.Demo_6_2.
mylocalservice");
       bindService(intent, this.serviceConnection, BIND_AUTO_CREATE);
   }
}
```

Mylocalservice 代码如下，调用媒体播放，播放 raw 文件中的一个音乐文件。

```
package com.Demo_6_2;

import android.app.Service;
import android.content.Intent;
import android.media.MediaPlayer;
import android.os.IBinder;

/**
 * Created by Administrator on 2016/12/22.
 */

public class mylocalservice extends Service {
    @Override
    public IBinder onBind(Intent arg0) {
        //TODO Auto-generated method stub
        return null;
    }
    @Override
    public void onCreate ( ) {
        // 调用媒体播放，播放 raw 文件中的一个音乐文件
        MediaPlayer player = MediaPlayer.create(this,R.raw.music);
        // 启动媒体播放
        player.start ( ) ;
    }
}
```

与 Android 中的其他部件一样，Service 也会和一系列 Intent 关联。Service 的运行入口需要在 AndroidManifest.xml 中进行配置，代码如下：

```
<?xml version="1.0" encoding="utf-8"?>
<manifest xmlns:android="http://schemas.android.com/apk/res/android"
    package="com.Demo_6_2">

    <application
        android:allowBackup="true"
```

```
        android:icon="@mipmap/ic_launcher"
        android:label="@string/app_name"
        android:supportsRtl="true"
        android:theme="@style/AppTheme">
        <activity android:name=".MainActivity">
            <intent-filter>
                <action android:name="android.intent.action.MAIN" />

                <category android:name="android.intent.category.LAUNCHER" />
            </intent-filter>
        </activity>
        <!-- 注册服务，否则报错 -->
        <service android:name=".mylocalservice"/>
        <intent-filter>
            <service android:name="com.Demo_6_2.mylocalservice"/>
        </intent-filter>
    </application>

</manifest>
```

6.2.3 停止 Service 的两种方法

上述两种方法都启动了 Service，那么这两种方式的停止服务的方法也是不同的，下面我们举一个例子。

【例 6-3】 建立名为 Demo_6_3 的 Android 工程。在 src 文件夹下的包 com.Demo_6_3 中新增 java 类 mylocalservice.java，打开 java 文件夹下的包 com.Demo_6_3 中 MainActivity 类，修改代码如下：

```
package com.Demo_6_3;
import android.content.ComponentName;
import android.content.Intent;
import android.content.ServiceConnection;
import android.os.IBinder;
import android.support.v7.app.AppCompatActivity;
import android.os.Bundle;
import android.view.View;
```

```
import android.widget.Button;

public class MainActivity extends AppCompatActivity {
  private Button bt_start1,bt_stop1,bt_start2,bt_stop2;
  private ServiceConnection serviceConnection;
  @Override
  protected void onCreate(Bundle savedInstanceState) {
    super.onCreate(savedInstanceState);
      setContentView(R.layout.activity_main);
      bt_start1= (Button) findViewById(R.id.bt_start1);
      bt_stop1= (Button) findViewById(R.id.bt_stop1);
      bt_start2= (Button) findViewById(R.id.bt_start2);
      bt_stop2= (Button) findViewById(R.id.bt_stop2);
      bt_start1.setOnClickListener(new View.OnClickListener（）{
        @Override
        public void onClick(View v) {
          //startService 启动服务
          startService(new Intent(MainActivity.this,
  mylocalservice.class));
        }
      });
      bt_stop1.setOnClickListener(new View.OnClickListener（）{
        @Override
        public void onClick(View v) {
          //stopService 停止服务
          stopService(new Intent(MainActivity.this, mylocalservice.class));
        }
      });
      //ServiceConnection 实例化，创建该对象
      serviceConnection=new ServiceConnection（）{
        // 实现 onServiceConnected 方法
        @Override
        public void onServiceConnected(ComponentName arg0, IBinder arg1) {


        }
```

```
            // 实现 onServiceDisconnected 方法
            @Override
            public void onServiceDisconnected(ComponentName componentName) {

            }
        };
        bt_start2.setOnClickListener(new View.OnClickListener ( ) {
            @Override
            public void onClick(View v) {
                // 绑定服务
                bindService(new Intent("com.Demo_6_3.mylocalservice"), serviceConnection,
BIND_AUTO_CREATE);

            }
        });
        bt_stop2.setOnClickListener(new View.OnClickListener ( ) {
            @Override
            public void onClick(View v) {
                //Service 绑定之后才能解绑
                if (mylocalservice.isServicestate ( ) ) {
                    unbindService(serviceConnection);
                }
            }
        });
    }
}
```

mylocalservice.java 是服务类，在服务类中，代码如下：

```
package com.Demo_6_3;

import android.app.Service;
import android.content.Intent;
import android.media.MediaPlayer;
import android.net.Uri;
import android.os.IBinder;
```

```
/**
 * Created by Administrator on 2016/12/22.
 */
public class mylocalservice extends Service {
    // 设置判断 Service 状态的成员变量
    private static boolean servicestate = false;
    // 设置多媒体播放成员变量
    private MediaPlayer player;

    @Override
    public IBinder onBind(Intent arg0) {
        return null;
    }

    @Override
    public void onCreate（）{
        // 调用媒体播放，播放 sdcard 中的一个音乐文件
        player = MediaPlayer.create(this, Uri.parse("file:///sdcard/song1.mp3"));
        // 启动媒体播放
        player.start（）；
        setServicestate(true);
    }

    @Override
    public void onDestroy（）{
        // 停止播放音乐
        player.stop（）；
    }

    // 返回 servicestate 的状态值
    public static boolean isServicestate（）{
        return servicestate;
    }
```

```
    // 设置 servicestate 的值
    private static void setServicestate(boolean servicestate) {
        mylocalservice servicestate = servicestate;
    }
}
```

同样清单文件 AndroidManifest.xml 中也需要注册 Service，代码如下：

```
<?xml version="1.0" encoding="utf-8"?>
<manifest xmlns:android="http://schemas.android.com/apk/res/android"
    package="com.Demo_6_3">

    <application
        android:allowBackup="true"
        android:icon="@mipmap/ic_launcher"
        android:label="@string/app_name"
        android:supportsRtl="true"
        android:theme="@style/AppTheme">
        <activity android:name=".MainActivity">
            <intent-filter>
                <action android:name="android.intent.action.MAIN" />

                <category android:name="android.intent.category.LAUNCHER" />
            </intent-filter>
        </activity>
        <!-- 注册服务，否则报错 -->
        <service android:name=".mylocalservice"/>
        <intent-filter>
            <service android:name="com.Demo_6_3.mylocalservice"/>
        </intent-filter>
    </application>

</manifest>
```

程序运行后效果如图 6-1 所示。

图 6-1　运行效果

6.3　Service 生命周期的介绍

与 Activity 一样，服务也有一系列可以实现以用于监控其状态变化的生命周期方法。但相对于 Activity 要少一些，只有 3 个，而且它们是 public 属性：void onCreate（）；void onStart(Intent intent)；void onDestroy（）。

服务的完整生命周期始于调用 onCreate（）而终于 onDestory（）方法返回。服务在 onCreate（）中进行初始化，而在 onDestory（）中释放资源。服务停止时没有相应的回调方法［不存在 onStop（）方法］。onCreate（）和 onDestory（）方法在所有服务中都会被调用，不论它们是否由 Context.startService（）和 Context.bindService（）启动。而 onStart（）仅会被 startService（）所启用的服务调用。下面通过试验来验证它们的正确性。

通过对项目 Demo_6_3 稍加修改就可以，首先在服务类添加 void onStart(Intent intent,int startid) 方法，并且对各个方法添加 Log 输出，以便核对各个方法启动的顺序，至于 MainActivity 类几乎不需要改动，因此下面只是直接把代码贴出来，请读者结合前面内容进行理解。

【例 6-4】 建立名为 Demo_6_4 的 Android 工程。在 src 文件夹下的包 com.Demo_6_4 中新增 java 类 mylocalservice.java，打开 src 文件夹下的包 com.ch06 中 MainActivity 类，修改代码如下:

```
package com.Demo_6_4;
import android.content.ComponentName;
import android.content.Intent;
import android.content.ServiceConnection;
import android.os.IBinder;
import android.support.v7.app.AppCompatActivity;
import android.os.Bundle;
import android.view.View;
import android.widget.Button;

public class MainActivity extends AppCompatActivity {
  private Button bt_start1,bt_stop1,bt_start2,bt_stop2;
  private ServiceConnection serviceConnection;
  @Override
  protected void onCreate(Bundle savedInstanceState) {
   super.onCreate(savedInstanceState);
    setContentView(R.layout.activity_main);
    bt_start1= (Button) findViewById(R.id.bt_start1);
    bt_stop1= (Button) findViewById(R.id.bt_stop1);
    bt_start2= (Button) findViewById(R.id.bt_start2);
    bt_stop2= (Button) findViewById(R.id.bt_stop2);
    bt_start1.setOnClickListener(new View.OnClickListener ( ) {
      @Override
      public void onClick(View v) {
          //startService 启动服务
          startService(new Intent(MainActivity.this,
    mylocalservice.class));
      }
```

```
        });
        bt_stop1.setOnClickListener(new View.OnClickListener ( ) {
            @Override
            public void onClick(View v) {
                //stopService 停止服务
                stopService(new Intent(MainActivity.this, mylocalservice.class));
            }
        });
        //ServiceConnection 实例化，创建该对象
        serviceConnection=new ServiceConnection ( ) {
            // 实现 onServiceConnected 方法
            @Override
            public void onServiceConnected(ComponentName arg0, IBinder arg1) {

            }

            // 实现 onServiceDisconnected 方法
            @Override
            public void onServiceDisconnected(ComponentName componentName) {

            }
        };
        bt_start2.setOnClickListener(new View.OnClickListener ( ) {
            @Override
            public void onClick(View v) {
                // 绑定服务
                        bindService(new Intent("com.Demo_6_4.mylocalservice"),
    serviceConnection, BIND_AUTO_CREATE);

            }
        });
        bt_stop2.setOnClickListener(new View.OnClickListener ( ) {
            @Override
            public void onClick(View v) {
                //Service 绑定之后才能解绑
                if (mylocalservice.isServicestate ( ) ) {
```

```
                unbindService(serviceConnection);
            }
        }
    });
  }
}
```

Mylocalservice 类代码如下：

```
package com.Demo_6_1;

import android.app.Service;
import android.content.Intent;
import android.media.MediaPlayer;
import android.net.Uri;
import android.os.IBinder;
import android.util.Log;


/**
 * Created by Administrator on 2016/12/22.
 */
public class mylocalservice extends Service {
    public IBinder onBind(Intent arg0){
        Log.i("Service", "onBind");
        return null;
    }
    @Override
    public void onCreate ( ) {
        super.onCreate ( ) ;
        Log.i("Service", "oCreate");
    }
    @Override
    public  void onDestroy ( ) {
        super.onDestroy ( ) ;
        Log.i("Service", "onDestroy");
```

```
    }
    @Override
    public void onStart(Intent intent,int startid){
        super.onStart(intent,startid);
        Log.i("Service", "onStart");
    }
    @Override
    public boolean onUnbind(Intent intent){
        Log.i("Service", "onUnbind");
        return false;
    }
}
```

清单文件和布局文件与项目 Demo_6_3 相同，下面进行 Service 生命周期实验。程序运行后，点击“由 startService 启动服务”按钮，观察 LogCat 分析输出的日志，如图 6-2 所示。

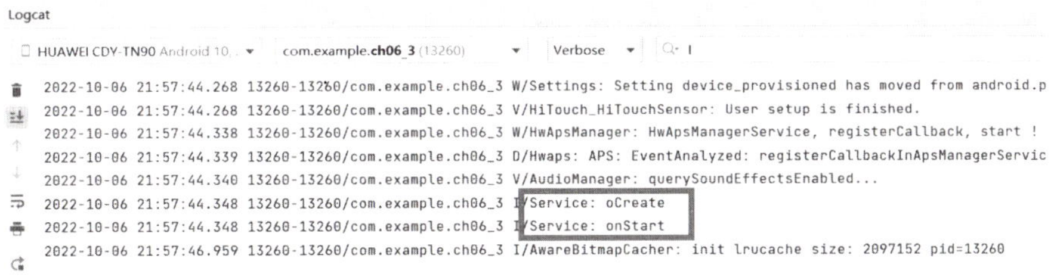

图 6-2　由 startService 启动服务

点击“停止 startService 引起的服务”按钮，观察 LogCat 分析输出的日志，如图 6-3 所示。

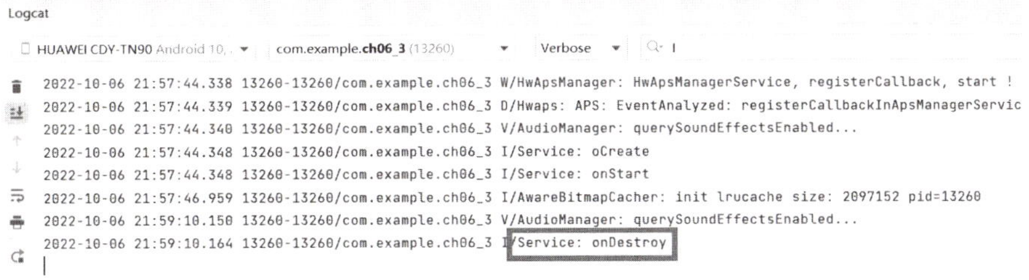

图 6-3　停止 startService 引起的服务

点击“由 bindService 启动服务”按钮，观察 LogCat 分析输出的日志，如图 6-4 所示。

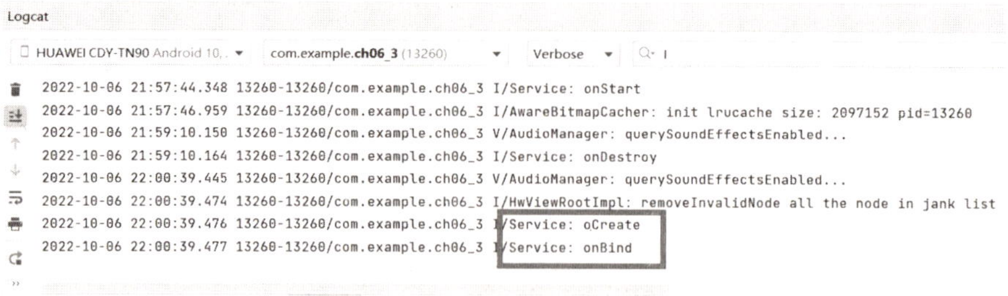

图 6-4　由 bindService 启动服务

点击“停止 bindService 引起的服务”按钮，观察 LogCat 分析输出的日志，如图 6-5 所示。

图 6-5　停止 bindService 引起的服务

6.4　远程服务

Remote Service 可被其他应用程序复用，如天气预报服务，其他应用程序不需要再写这样的服务，调用已有的即可。当 Android 系统创建客户端与服务端的连接时，会调用 ServiceConnection 的 onServiceConnected（ ）方法，并且传递 IBinder 对象，客户端可以用它来与服务端进行通信。为了理解远程服务的应用，下面我们先看个例子。

该例子是本地服务和 Activity 交互的实例。这里写了一个计数服务的类，每秒钟为计数器加 1，在服务类的内部，还创建了一个线程，用于实现后台执行上述业务逻辑。

【例 6-5】 创建一个应用，建立名为 Demo_6_5 的 Android 工程．在 src 文件夹下的包 com.Demo_6_5 中新增服务类 mylocalservice.java，修改代码如下：

```
package com.Demo_6_5;

import android.app.Service;
import android.content.Intent;
import android.media.MediaPlayer;
```

```
import android.net.Uri;
import android.os.IBinder;
import android.util.Log;


/**
 * Created by Administrator on 2016/12/22.
 */
public class mylocalservice extends Service {
   private int count;
   public IBinder onBind(Intent arg0){
      Log.i("Service", "onBind");
      return null;
   }
   @Override
   public void onCreate ( ) {
      new Thread(new Runnable ( ) {
         @Override
         public void run ( ) {

            while(count<100){
               try{
                  Thread.sleep(1000);
                  count++;
                  Log.i("Conunt value:", String.valueOf(count));
               }catch (InterruptedException e){

               }

            }
         }
      }).start ( ) ;
   }
   @Override
   public  void onDestroy ( ) {
      super.onDestroy ( ) ;
```

```
    }
    public int getCount ( ) {
        return count;
    }
}
```

打开 src 文件夹下的包 com.ch06 中 MainActivity 类，代码如下：

```
package com.Demo_6_5;
import android.content.ComponentName;
import android.content.Intent;
import android.content.ServiceConnection;
import android.os.IBinder;
import android.support.v7.app.AppCompatActivity;
import android.os.Bundle;
import android.view.View;
import android.widget.Button;

public class MainActivity extends AppCompatActivity {
    private ServiceConnection serviceConnection;
    @Override
    protected void onCreate(Bundle savedInstanceState) {
      super.onCreate(savedInstanceState);
       setContentView(R.layout.activity_main);
        Button bt = (Button) findViewById(R.id.button1);
        //ServiceConnection 实例化，创建该对象
        serviceConnection=new ServiceConnection ( ) {
            // 实现 onServiceConnected 方法
            @Override
            public void onServiceConnected(ComponentName arg0, IBinder arg1) {

            }
            // 实现 onServiceDisconnected 方法
            @Override
            public void onServiceDisconnected(ComponentName arg0) {
```

```
        }
    };
    bt.setOnClickListener(new View.OnClickListener ( ) {
        @Override
        public void onClick(View arg0) {
            bindService(new Intent("com.Demo_6_5.mylocalservice"), serviceConnection,
BIND_AUTO_CREATE);
        }
    });
  }
}
```

布局文件 activity_main.xml 代码如下：

```
<?xml version="1.0" encoding="utf-8"?>
<LinearLayout xmlns:android="http://schemas.android.com/apk/res/android"
  xmlns:tools="http://schemas.android.com/tools"
  android:id="@+id/activity_main"
  android:layout_width="match_parent"
  android:layout_height="match_parent"
  android:orientation="vertical"
  tools:context="com.Demo_6_5.MainActivity">

<Button
  android:layout_width="wrap_content"
  android:layout_height="wrap_content"
  android:text="start"
  android:id="@+id/button1"
  />
</LinearLayout>
```

清单文件 AndroidManifest.xml 代码如下：

```
<?xml version="1.0" encoding="utf-8"?>
<manifest xmlns:android="http://schemas.android.com/apk/res/android"
  package="com.Demo_6_5">
```

```
<application
    android:allowBackup="true"
    android:icon="@mipmap/ic_launcher"
    android:label="@string/app_name"
    android:supportsRtl="true"
    android:theme="@style/AppTheme">
    <activity android:name=".MainActivity">
        <intent-filter>
            <action android:name="android.intent.action.MAIN" />

            <category android:name="android.intent.category.LAUNCHER" />
        </intent-filter>
    </activity>
    <!-- 注册服务，否则报错 -->
    <intent-filter>
        <service android:name="com.Demo_6_5.mylocalservice"/>
    </intent-filter>
</application>

</manifest>
```

程序运行后，每隔 1s，将会在 LogCat 中打印计数值，直到 100，现在的问题是，如果现在有一个应用也需要这个功能，要求每隔 1 秒获取计数值，那么应该如何使用当前的服务呢?

在 Android 平台中，每个应用程序 App 都运行在自己的进程空间。通常一个进程不能访问另一个进程的内存空间（一个应用不能访问另一个应用），如果想沟通，则需要将对象分解成操作系统可以理解的基本单元，Android 提供了 AIDL（Android Interface Definition Language）来处理。

AIDL 是一种 IDL 语言，也就是 Android 接口定义语言。前面提及本地服务无法供在设备上运行的其他应用程序访问，也就是说只能在该应用程序内部调用，如某些应用程序中的下载服务类，这些服务只能由内部调用，而对于远程服务，除了可以由本应用程序调用，还可以允许其他应用程序访问。远程服务一般通过 AIDL 来实现，可以进行进程间通信，这种服务也就是远程服务。

本地服务与远程服务有一些重要的区别。具体来讲如果服务完全只供同一种进程中的组件使用（运行后台任务），客户端通过调用 Context.startService（）来启动该服务，这种类型的服务为本地服务，它的一般用途是后台执行耗时操作。而远程服务一般通过

bindService( )方法启动，主要为不同进程间通信。我们也将远程服务称为 AIDL 支持服务，因为客户端使用 AIDL 和服务通信。Android 中对于远程服务有多种名称，如远程服务、AIDL 服务、外部服务和 RPC 服务。

AIDL 用于生成可以在 Android 设备上两个进程之间进行进程间通信（Inter Process Communication，IPC）的代码。如果在一个进程中（如 Activity）要调用另一个进程中（如 Service）对象的操作，就可以使用 AIDL 生成可序列化的参数。换句话说，就是这个 App 应用的 Activity 需要调用其他 App 应用的 Service。

Android 实现 IPC 其实是在原来的 C/S 框架上加入了代理 / 存根结构。比如，到自动取款机上取款，那么你就是客户（Client），取款机就是你的代理（Proxy）；你不会在乎钱具体放在哪里，只想将钱从取款机中取出来，你与银行之间的操作完全由取款机代理实现；你的取款请求通过取款机传到银行的服务器（Service），服务器没有必要知道你在哪取钱，它所关心的是你的身份和取款金额；当它确认你的权限后，就进行相应的操作，取款机根据服务器返回结果，从保险柜中取出相应数量的钱给你；你取出卡后，操作完成。取款机不是直接与服务器连接的，它们之间还有一个“存根（Stub）”，取款机与存根通信，服务器与存根通信，从某种意义上说存根就是服务器的代理。

AIDL 实现步骤如下所述。

建立 Demo_6_5_AIDLService 端工程

在 AIDLService 端中只有一个服务程序，没有主界面，其主要功能就是负责每隔 1 秒计数，在 AIDLService 端中新建一个 mycount.aidl 的文件，远程服务往往不只是传递 Java 基本数据类型。AIDL 文件的书写需要注意 Android 的一些限制和规定，规范如下：

- Android 支持 Java 基本类型；
- 即使是在相同包结构下，如果需要在 AIDL 中使用其他 AIDL 接口类型，需要 Import；
- Android 支持集合接口类型 List 和 Map, 但是有一些限制，元素必须是基本型或者上述三种情况，不需要 Import 集合接口类，但是需要元素涉及的类型 Import。

非基本数据类型，需要有方向指示，包括 in、out 和 inout。In 表示由客户端设置 ,out 表示由服务端设置 ,inout 表示两者均可设置。

（1）本例中我们创建的 mycount.aidl 代码如下：

```
package com.Demo_6_5
interface mycount{
int getCount（ ）;
}
```

在 Service 端建立 mycount.aidl 文件后 ,Android Studio 会在 src\java\com.Demo_6_5 目录自动生成 mycount.java 文件。该文件的代码如下：

```
package com.Demo_6_5;

import android.os.IBinder;

public interface mycount extends android.os.IInterface{
    public static abstract class Stub extends android.os.Binder implements com.
Demo_6_5.mycount{
      private static final java lang.String DESCRIPTOR="com.Demo_6_5.mycount";
      public Stub ( ) {
         this.attachInterface(this,DESCRIPTOR);
      }
      public static com.Demo_6_5.mycount asInterface(android.os.IBinder obj){
         if((obj==null)){
            return null;
         }
         android.os.IInterface iin = (android.os.IInterface)
obj.queryLocalInterface(DESCRIPTOR);
         if (((iin!=null)&&(iin instanceof com.Demo_6_5.mycount))){
            return ((com.Demo_6_5.mycount) iin);
         }
         return new com.Demo_6_5.mycount.Stub.Proxy(obj);
      }
      public android.os.IBinder adBinder ( ) {
         return this;
      }
        @Override public boolean onTransact(int code,android.os.Parcel data,android.
os.Parcel reply,int
                                                   flags)throws
android.os.RemoteException{
         switch (code){
            case INTERFACE_TRANSACTION:{
               reply.writeString(DESCRIPTOR);
               return true;
            }
            case TRANSACTION_getCount:{
               data.enforceInterface(DESCRIPTOR);
```

```
            int_result=this.getCount（）;
            reply.writeNoException（）;
            reply.writeInt(_result);
            return true;
        }
    }
    return super.onTransact(code, data, reply, flags);
}
private static class Proxy implements com.Demo_6_5.mycount{
    private android.os.IBinder mRemote;
    Proxy(android.os.IBinder remote){
        mRemote=remote;
    }
    public android.os.IBinder asBinder（）{
        return mRemote;
    }
    public java.lang.String getInterfaceDescripter（）{
        return DESCRIPTOR;
    }
    public int getCount（）throws android.os.RemoteException{
        android.os.Parcel _data = android.os.Parcel.obtain（）;
        android.os.Parcel _reply = android.os.Parcel.obtain（）;
        int_result;
        try{
            _data.writeInterfaceToken(DESCRIPTOR);
            mRemote.transact(Stub.TRANSACTION_getCount, data, _reply, 0);
            _reply.readException（）;
            _result = _reply.readInt（）;
        }
        finally{
            _reply.recycle（）;
            _data.recycle（）;
        }
        return _result;
    }
}
```

```
static final int TRANSACTION_getCount = (IBinder.FIRST_CALL_TRANSACTION + 0);
  }

  public int getCount ( ) throws android.os.RemoteException;
}
```

AIDL 工具自动生成了这么多代码，它们比较复杂，大家可以不去仔细分析，需要知道 3 个就够了。

①静态抽象内部类 Stub：

public static abstract class Stub extends android.os.Binder implements com.Demo_6_5.mycount

② AIDL 服务代理类：

private static class Proxy implements com.Demo_6_5.mycount

③ AIDL 公布出的接口：

public int getCount ( ) throws android.os.RemoteException

（2）添加服务类 myremoteservice.java。首先定义一个名为 AIDLServiceBinder 内部类，该类继承自 mycount.Stub，并覆写 getCount ( )，其实也就是把该方法以接口的方式暴露给客户端，在 onBind（Intent arg0）方法中，前面的例子都是返回为 null，在这里就不可以这样用了，因为绑定服务后，我们需要返回接口对象 serviceBinder，其他写法类似前面的例子。

myremoteservice.java 代码如下：

```
package com.Demo_6_5;

import android.app.Service;
import android.content.Intent;
import android.os.IBinder;
import android.os.RemoteException;

public class myremoteservice extends Service{
 private int count;
  private AIDLServiceBinder serviceBinder = new AIDLServiceBinder ( ) ;
  class AIDLServiceBinder extends mycount.Stub{
    @Override
    public int getCount ( ) throws RemoteException{
```

```
            return count;
        }
    }
    @Override
    public IBinder onBind(Intent arg0) {
        return serviceBinder;
    }
    @Override
    public void onCreate ( ) {
        new Thread(new Runnable ( ) {
            @Override
            public void run ( ) {
                while(count<100){
                    try{
                        Thread.sleep(1000);
                        count++;
                    }catch(InterruptedException e){

                    }
                }
            }
        }).start ( ) ;
    }
    @Override
    public void onDestory ( ) {
        super.onDestroy ( ) ;
    }
}
```

清单文件 AndroidManifest.xml 代码如下：

```
<?xml version="1.0" encoding="utf-8"?>
<manifest xmlns:android="http://schemas.android.com/apk/res/android"
    package="com.Demo_6_5">

    <application
```

```
        android:allowBackup="true"
        android:icon="@mipmap/ic_launcher"
        android:label="@string/app_name"
        android:supportsRtl="true"
        android:theme="@style/AppTheme">
        <activity android:name=".MainActivity">
            <intent-filter>
                <action android:name="android.intent.action.MAIN" />

                <category android:name="android.intent.category.LAUNCHER" />
            </intent-filter>
        </activity>
        <service android:name=".myremoteservice"/>
        <intent-filter>
            <service android:name="com.Demo_6_5.myremoteservice"/>
        </intent-filter>
    </application>

</manifest>
```

代码完成后，需要安装在模拟器中，只要运行一次就可以安装在模拟器中；否则，不能调用。

建立客户端的工程

【例 6-6】 建立 Demo_6_6_AIDLClient 工程。在 src 文件夹下，有两个包 com.Demo_6_6_client 和 com.Demo_6_6，把服务器端的 mycount.aidl 文件复制到 com.Demo_6_6 包下，在 com.Demo_6_6_client 包中有一个 Java 类 Demo_6_6AIDLClientActivity.Java，该类继承 Activity，布局文件 activity_main.xml 中有一个用于显示当前计数值的文本框，链各个按钮分别用于连接服务和获取当前数值。

（1）布局文件 activity_main.xml 代码如下：

```
<?xml version="1.0" encoding="utf-8"?>
<LinearLayout xmlns:android="http://schemas.android.com/apk/res/android"
    xmlns:tools="http://schemas.android.com/tools"
    android:id="@+id/activity_main"
```

```
  android:layout_width="match_parent"
  android:layout_height="match_parent"
  android:orientation="vertical"
  tools:context="com.Demo_6_6.MainActivity">

  <TextView
     android:layout_width="match_parent"
     android:layout_height="wrap_content"
     android:id="@+id/textview1"
     />
<Button
  android:layout_width="wrap_content"
  android:layout_height="wrap_content"
  android:text=" 计数开始 "
  android:id="@+id/button1"
  />
  <Button
     android:layout_width="wrap_content"
     android:layout_height="wrap_content"
     android:text=" 获取当前的计数值 "
     android:id="@+id/button2"
     />
</LinearLayout>
```

(2) 文件 Demo_6_6AIDLClientActivity.java 代码如下：

```
package com.Demo_6_6;

import android.app.Activity;
import android.content.ComponentName;
import android.content.Intent;
import android.content.ServiceConnection;
import android.os.Bundle;
import android.os.IBinder;
import android.os.RemoteException;
import android.view.View;
```

```
import android.widget.Button;
import android.widget.TextView;

/**
 * Created by Administrator on 2016/12/24.
 */

public class Demo_6_6AIDLClientActivity extends Activity {
    private ServiceConnection serviceConnection;
    private mycount myservice;
    @Override
    public void onCreate(Bundle savedInstanceState){
        super.onCreate(savedInstanceState);
        setContentView(R.layout.activity_main);
        serviceConnection=new ServiceConnection ( ) {

            @Override
            public void onServiceConnected(ComponentName componentName, IBinder
service) {
                myservice=mycount.Stub.asInterface(service);
            }

            @Override
            public void onServiceDisconnected(ComponentName componentName) {

            }
        };
        Button bt1 = (Button) findViewById(R.id.button1);
        bt1.setOnClickListener(new View.OnClickListener ( ) {
            @Override
            public void onClick(View arg0) {
                bindService(new Intent("com.Demo_6_6.myremoteservice"),
serviceConnection, BIND_AUTO_CREATE);

            }
        });
```

```
        Button bt2 = (Button) findViewById(R.id.button2);
        bt2.setOnClickListener(new View.OnClickListener ( ) {
            @Override
            public void onClick(View arg0) {
                TextView tv1 = (TextView) findViewById(R.id.textview1);
                int count=0;
                try{
                    count=myservice.getCount ( ) ;
                }catch(RemoteException e){

                }
                tv1.setText(" 当前的计数值为 :"+String.valueOf(count));
            }
        });
    }
}
```

(3) 清单文件 AndroidManifest.xml 代码如下：

```
<?xml version="1.0" encoding="utf-8"?>
<manifest xmlns:android="http://schemas.android.com/apk/res/android"
    package="com.Demo_6_6">
    <application
        android:allowBackup="true"
        android:icon="@mipmap/ic_launcher"
        android:label="@string/app_name"
        android:supportsRtl="true"
        android:theme="@style/AppTheme">
        <activity android:name=".MainActivity">
            <intent-filter>
                <action android:name="android.intent.action.MAIN" />

                <category android:name="android.intent.category.LAUNCHER" />
            </intent-filter>
    </application>
</manifest>
```

(4) 运行结果。运行客户端程序，首先点击开始计数按钮，然后再去点击获取当前的计算值按钮，会发现不同的时间会显示不同的计算值，如图 6-6 所示。

图 6-6　运行结果

【小　结】

（1）Service 的 start 和 bind 状态有什么区别？

区别：①生命周期不同：startService：onCreate->onStartCommand->onStart 再次 start：onStartCommand->onStartstop：onDestory。bindService：onCreate->onBind 再次 bind：不会再执行 onBind unbind:onUnBind->onDestory。

②是否自动销毁：start 启动状态的服务不会自动随启动组件销毁而自动销毁；bind 绑定状态的服务当启动组件销毁后会自动调用 onUnbind 和 onDestory 方法。

③应用场景不同（使用而言）：start 方式使得 Service 处理启动状态，适用于做后台计算（若耗时需子线程），与启动组件无交互，相互独立；bind 方式使得 Service 可与启动组件交互，双方进行通信。

（2）同一个 Service，先 startService，然后再 bindService，如何把它停止掉？

stopService 和 stopSelf 都可以停止 startService（）方式启动的 Service，调用 unbindService 可解绑 bindService（）方式启动的 Service。先停止服务还是先解绑服务的顺序是无所谓的，两者都调用了才能停止掉它。据官方文档可知：若被停止的服务依然有 ServiceConnection 与其绑定，则服务不能销毁，直至我们把所有 ServiceConnection 解绑。若所有 ServiceConnection 解绑后，系统会自动销毁服务，但有使用 startService（）启动的情况，我们不得不再调用一次 stopService 来销毁它。

（3）你有注意到 Service 的 onStartCommand 方法的返回值吗？不同返回值有什么区别？

① onStartCommand（）方法必须返回一个整数，这个整数是一个描述了在系统的杀死事件中，系统应该如何继续这个服务的值（虽然你能够修改这个值，但是 IntentService 处理还是为你提供了默认实现）。

② onStartCommand（）方法有三种返回值：

a.STARTSTICKY（常量值：1）：sticky 的意思是“黏性的”。使用这个返回值时，我们启动的服务与应用程序“黏”在一起，如果在执行完 onStartCommand 后，服务被异常 kill 掉，系统会自动重启该服务。当再次启动服务时，传入的第一个参数将为 null;

b.STARTNOTSTICKY（常量值：2）：“非黏性的”。使用这个返回值时，如果在执行完 onStartCommand 后，服务被异常 kill 掉，系统不会自动重启该服务。

c.STARTREDELIVER_INTENT（常量值：3）：重传 Intent。使用这个返回值时，如果在执行完 onStartCommand 后，服务被异常 kill 掉，系统会自动重启该服务，并将 Intent 的值传入。

（4）Service 的生命周期方法 onCreate、onStart、onBind 等运行在哪个线程？

默认情况，如果没有显示指 Service 所运行的进程，Service 运行在当前 App 所在进程的 mainthread(UI 主线程) 里面，也就是 Service 的生命周期方法都运行在主线程。但是，若在清单文件指定了 android:process=“:remote”，则运行在其他进程中，这种远程服务用在公共的服务上，例如天气预报、友盟之类的推送服务等。

项目 7 播放音乐与视频

7.1 使用 Intent 选取音乐或视频

首先来设计“选取音乐文件或视频文件”的功能。比如说我们要利用 Intent 来选取照片时，是将动作设为 Intent.ACTION_GET_CONTENT，并将数据类型设为“image/*”，如果要改为选取音乐或视频，只需更改数据类型即可。

```
// 选取音乐
  Intent it = new Intent (Intent.ACTON_Get_CONTENT);
it.setType("audio/*" );          // 要选取所有的音乐类型
stratActivityForResult(it, 100);          // 以识别编号 100 来启动外部程序
 // 选取
Intent it =new Intent(Intent.ACTION_GET_CONTENT);
it.setType("video/*" );     // 要选取所有的视频类型
startActivityForResult(it, 101);    // 以识别编号 101 来启动外部程序
```

以上的 * 是代表所有类型，如有需要也可将之改为特定类型，例如“image/jpeg”“audio/mp3”“video/mp4”。

7.1.1 读取预存在程序中的多媒体文件

在程序中除了可以存放图像文件，也可以预存放其他类型的文件，包括音乐文件及视频文件。

我们通常会在项目的 res 文件夹下再建一个名为 raw 的文件夹并加到执行文件中。而当程序在执行时，则可用以下的 Uri 来存取这些文件：

```
// 假设是要存取项目中的 \res\raw\test.mp3 文件：
uri=Uri.parse("android.resource://"+getPackageName（）+"/"+R.raw.test);
```

getPackageName（）会返回项目本身的软件包名称，而 R.raw.test 则是 Android 在编译程序时自动为 test.mp3 所定义的资源 ID。因此，整个 Uri 的意思就是指在自己本身所属的软件包中，资源 ID 为 R.raw.test 的资源文件。

7.1.2　范例：用户挑选音乐文件或视频文件

影音播放器的第一个工作自然要让用户能够挑选想要播放的影音文件，下面我们来设计这项功能。另外，我们还会在程序中预存一个音乐文件，让用户不用选文件即可直接测试。

步骤 1　请创建 Dome_7_1 项目如图 7-1 所示，并将程序名称设置为“Vs 影音播放器”，如图 7-2 所示。

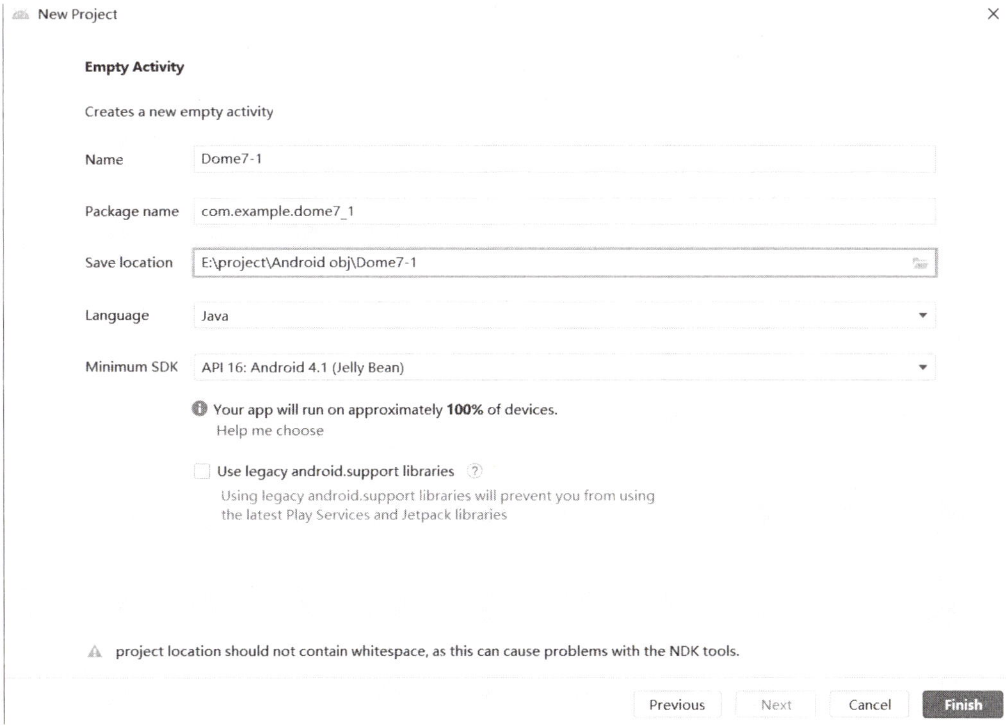

图 7-1　创建项目

图 7-2　名称设置

步骤 2　在 Project 窗格中项目的 res 文件夹上单击鼠标右键，然后依次单击“New/Directory”菜单选项，新建一个名为 raw 的文件夹，如图 7-3 所示。接着在资源管理器中选取一个适合测试用的 mp3 文件，按 Ctrl+C 键复制起来，然后进行如图 7-4 所示的操作。

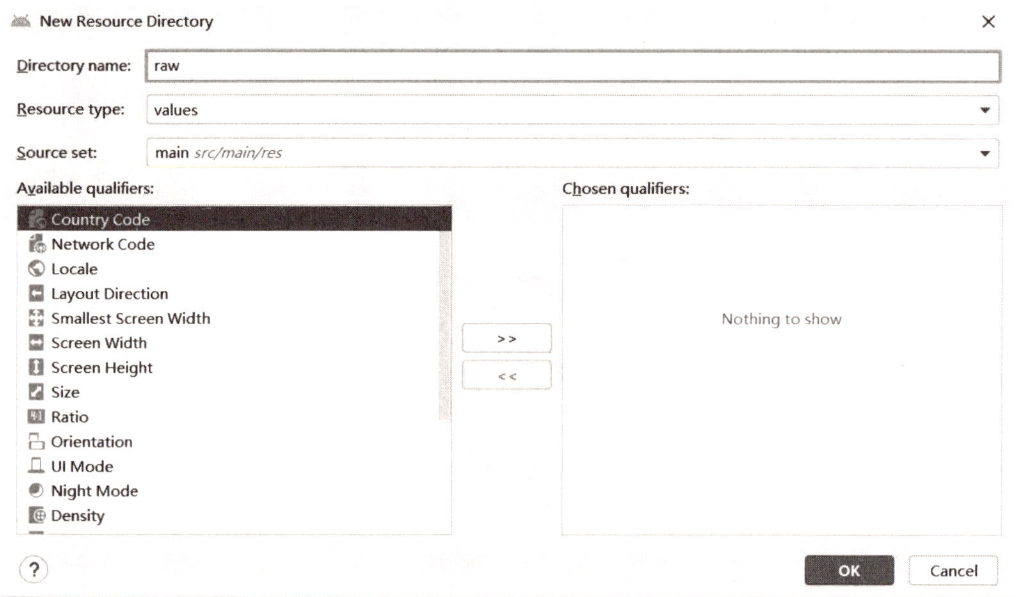

图 7-3　新建文件夹

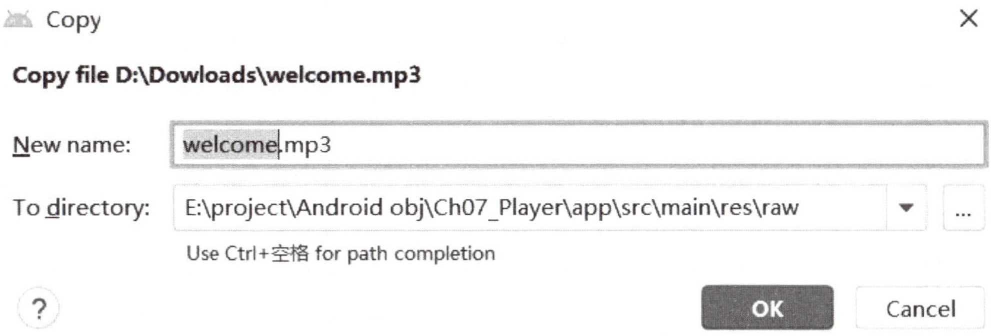

图 7-4　加入 mp3 文件

步骤 3　在 Layout 界面中将默认的“Hello World！”组件删除，再将 RelativeLayout 更换为 LinearLayout(Vertical)，并将其属性按 Delete 键清空（使周围不要留空白），编写布局效果，如图 7-5 所示。

图 7-5　布局界面

步骤 4 接着编写程序，首先在 MainActivity 中申明变量，并在 onCreate（ ）中进行一些基本设置。

```
public class MainActivity extends AppCompatActivity implements View.
OnClickListener{
    private Button SetMusic,SetVideo;
    private TextView FileName, FileUri;
    private CheckBox checkBox;
    private MediaPlayer mediaPlayer=null;
    private Uri uri;// 储存文件的路径
    private boolean isVideo=false;// 判断是否为视频文件

    @Override
    protected void onCreate(Bundle savedInstanceState) {
        super.onCreate(savedInstanceState);
        setRequestedOrientation(ActivityInfo .SCREEN_ORIENTATION_
        NOSENSOR);// 设置屏幕不随手机旋转
        setRequestedOrientation(ActivityInfo .SCREEN_ORIENTATION_
        PORTRAIT);// 设置屏幕直向显示
        setContentView(R. layout.activity_main);
        intView（ ）;
    }
    private void intView（ ）{
        SetMusic=findViewBy Id(R.id.SetMusic);
        SetVideo=findViewBy Id(R.id.SetVideo);
        FileName=findViewBy Id(R.id.FileName);
        FileUri=findViewBy Id(R.id.FileUrl);
        checkBox=findViewBy Id(R.id.checkbox);
        SetMusic .setOnClickListener(this);
        SetVideo.setOnClickListener(this);
        uri=Uri.parse("android.resource://"+getPackageName（ ）+"/raw/
        welcome");// 默认会播放程序内的音乐文件 welcome.mp3
        FileName.setText("welcome.mp3");// 在界面中显示文件名
        FileUri.setText(uri.toString（ ）);// 显示内键音乐文件的 Uri 路径
        mediaPlayer=new MediaPlayer（ ）;
        mediaPlayer.setOn P reparedListener(this);
        mediaPlayer.setOnCompletionListener(this);
```

```
34                mediaPlayer.setOn ErrorListener(this);
35                prepare ( ) ;
36            }
37    public void onClick(View view) {
38        Intent it=new Intent(Intent.ACTION_GET_CONTENT);// 创建动作” 选取内容” 的 Intent
39          int len;// 创建 int  变量来记录音频的长度
40          int pos;// 创建 int  变量来记录播放的位置
41          switch (view.getId ( ) ){// 使用控件的 Id  属性来判断按钮是否被按下
42                case R.id.SetMusic:
43                      it.setType("audio/*");// 要选取所有的音乐类型
44                      startActivityForResult(it, 100);// 以识别编号 100  来启动外部程序
45                      break;
46                case R.id.SetVideo:
47                      it.setType("video/*");// 要选取所有的视频类型
48                      startActivityForResult(it, 101);// 以识别编号 101  来启动外部程序
49                      break;
50
```

●第 6 行声明的 uri 是用来存储用户选取文件的 Uri，在第 37 行会先将之设为指向程序内部的 welcome.mp3。

●第 7 行声明一个 isVideo 来记录是否选取了视频文件（true 是视频文件，false 是音乐文件）。

●第 12~15 行是设置屏幕不随手机旋转以及界面要直向显示，这两个功能在前文已介绍过。

●第 29~30 行是在屏幕上显示默认会播放的文件名及其 Uri。

步骤 5　设置选取视频和选取音频两个按钮的单机监听事件。

●第 41 行是利用传入的 View 参数 view，执行 view.getId ( ) 来取出被单击组件的资源 ID，再对比是选取歌曲按钮还是选取视频按钮。

●第 44 行和第 48 行是用 Intent 来启动选取音乐或视频的程序，并分别指定不同的标识码 (100、101)。

步骤 6　接着加入“选取影音文件”完成后返回程序时会被引发的 onActivityResult( ) 事件方法。

```
01  protected void onActivityResult(int requestCode, int resultCode,   Intent data) {
02          super.onActivityResult(requestCode, resultCode, data);
03          if(resultCode== Activity.RESULT_OK){// 如果选取成功
04                  isVideo=(requestCode==101);// 记录是否选取了视频文件 ( 当标
                    识码为 101 时 )
05                  uri=data.getData ( ) ;// 记录是否选取了视频文件 ( 当标识码为
                    101 时 )
06                  FileName.setText(uri.getLastPathSegment ( ) );// 显示文件名 (Uri
                    最后一段文字 )
07                  FileUri.setText(uri.toString ( ) );// 显示文件的路径
08          }
09  }
```

●第 4 行按返回的标识码来决定是否为视频文件。

●第 5 行用 data.getData ( ) 获取用户选取的文件的 Uri 。

●第 6 行的 uri.getLastPathSegment ( ) 可返回 uri 路径中最后一段的文字，也就是文件名的部分。

●第 7 行以 uri.toSting 取出文件路径来显示。

步骤 7 请在手机上测试结果。

7.2 播放音乐

MediaPlayer 的音乐播放流程。

用 MediaPlayer 来播放音乐时，整个流程大致如下。

（1）创建 MediaPlayer 对象。

```
mper=new MediaPlayer ( ) ;  // 创建 MediaPlayer 对象
```

（2）要播放一首新的音乐时，必须先设置音乐的 Uri 并做好准备工作。

```
mper.rest ( ) ; // 如果之前播放过其他音乐，则要先 rest
mper.setDataSource(this, uri); // 指定音乐文件的 Uri
mper.0perepareAsync ( ); // 准备播放，当准备好时会引发一个“音乐准备好了”
```

（3）当音乐准备好后，即可用以下的方法来播放、暂停或停止播放。另外，也可以设置是否不断地重复播放。

```
mper.start ( ) ; // 开始播放
mper.pause ( ) ; // 暂停播放
mper.stop ( ) ; // 停止播放
mper.setLooping(true); // 设置是否要重复播放（true 为要）
```

（4）MediaPlayer 会记住当前的播放位置（以秒为单位），而我们也可以用程序来获取或移动播放位置。

```
int len=mper.getDuration ( ) ;    // 获取音乐的总长度
int pos= mper.getCurrentPosition ( ) ; // 获取当前的播放位置
mper.seekTo(pos);        // 移动播放位置到第 pos 秒的位置
```

（5）当不需要播放时，必须将 MediaPlayer 对象释放掉。

```
mper.release ( ) ; // 释放 MediaPlayer 对象
```

MediaPlayer 可引发的 3 个重要事件

（1）用 MainActivity 类来实现 MediaPlayer 的 3 个事件监听接口。

```
public class MainActivity extends Activity implements
    MediaPlayer.OnPreparedListener, // 音乐准备好时
    MediaPlayer.OnErrorListener, // 发生错误时
    MediaPlayer.onCompletionListener { // 播放完毕时
```

（2）由于前面是用 MainActivity 类来实现以上 3 个监听接口，因此可用此类的对象 this 作为事件的监听器。

```
mper.setOnpreparedListener(this); // 设置音乐准备好时的事件监听器
mper.setOnErrorListener(this); // 设置发生错误时的事件监听器
mper.setOnCompletionListener(this);  // 设置播放完毕时的事件监听器
```

（3）要编写这 3 个监听接口的事件处理方法。

```
public void onPrepared(MediaPlayer arg0) { // 执行 prepareAsync ( ) 后，当音乐准备
```

```
    // 音乐准备好时要做的事情                    好了即会引发此方法
}
public boolean onError(MediaPlayer arg0, int arg1,int arg2){
// 发生错误时要做的事情 . . .
return true; // 返回 true 表示错误已经处理了
}
public  void onCompletion(MediaPlayer arg0) {
  // 播放完毕时要做的事情 . . .
}
```

处理在播放音乐时切换到其他程序时的情况

当音乐在播放时，用户可能会突然切换到别的程序，甚至按返回键将程序结束掉了，像这种情况都必须做妥善的处理，否则当程序结束后还在继续播放音乐。

Activity 从启动到结束之间的各种状态变化统称为 Activity 的生命周期。表 7-1 为简化后的示意图。

表 7-1　Activity 生命周期简化示意图

事件	说明
onCreate（ ）	当 Activity 启动时
onResume（ ）	当 Activity 获得输入焦点时
onPause（ ）	当 Activity 失去焦点时（例如切换到手机的首页或其他程序）
onDEstroy（ ）	当 Activity 结束时

对本范例而言，当 Activity 失去输入焦点时（例如切换到其他程序），要将音乐暂停播放；而当 Activity 要结束时，则要将 MediaPlayer 对象释放。

```
protected   voidonPause（ ）{
            super.onPause（ ）;     // 执行父类的事件方法以处理必要事宜

     // 如果正在播放，就暂停 . . .
    }

   protected void onDestroy（ ）{
    // 释放 MediaPlayer 对象 . . .
```

```

super.onDestroy（）；  // 执行父类的事件方法以处理必要的事宜
```

> **技巧：** 如果希望当 Activity 失去输入焦点又重新获得时能够继续播放，那么可以在 onResume（）中让音乐继续播放。不过本范例的做法是保持暂停而不要自动继续播放，以免吓到用户。

让屏幕不进入休眠状态

当手机一段时间没有使用时，例如 30 秒或 1 分钟，就会自动关闭屏幕进入休眠状态。此时 Activity 也会因失去焦点而引发 onPause（）事件，导致播放中的音乐被暂停（因为我们会在 onPause（）中暂停播放音乐）。

想要让屏幕不会进入休眠状态，可在 onCreate（）中加入下面灰底的程序。

```
01  protected void onCreate(Bundle savedInstanceState) {
02          super.onCreate(savedInstanceState);
03          setContentView(R.layout.activity_main);
04
05            // 设置屏幕不随手机旋转、界面要直向显示以及屏幕不进入
              休眠状态
06          setRequestedOrientation(ActivityInfo.SCREEN_ORIENTATION_
            NOSENSOR);// 设置屏幕不随手机旋转
07          setRequestedOrientation(ActivityInfo.SCREEN_ORIENTATION_
            PORTRAIT);// 设置屏幕直向显示
08  getWindow（）.addF lags(WindowManager.LayoutParams.FLAG_KEEP_、
    SCREEN_ON);// 设置屏幕不进入休眠
09  …
10  }
```

● 第 8 行是针对当前的 Activity 进行设置的，因此让屏幕不进入休眠的效果也只有在当前的 Activity 显示在屏幕中时才有效。

范例：用 MediaPlayer 播放音乐

步骤 1　请在前面的 Ch07_Player 项目的基础上完善。

步骤 2　打开项目的界面 Layout 文件，由于加入较多的组件，因此建议直接将本书提供的范例程序复制过来。

步骤 3 接着修改程序，首先在 MainActivity 的开头实现 MediaPlayer 的 3 个监听事件接口，并声明如下几个变量。

```
01 public class MainActivity extends AppCompatActivity implements View.
   OnClickListener,
02 MediaPlayer.On PreparedListener, MediaPlayer.OnCompletionListener,
03 MediaPlayer.On ErrorListener {
04     private Button SetMusic,SetVideo,Player,Stop, Forward,Backward;
05     private TextView FileName, FileUri;
06     private CheckBox checkBox;
07     private MediaPlayer mediaPlayer=null;
08     private Uri uri;// 储存文件的路径
09     private boolean isVideo=false;// 判断是否为视频文件
```

●在第 1、2 行输入完 3 个监听接口后，MainActivity 的文字会出现红色波浪底线，此时可将插入点移动到红色的文字上，然后按住 Alt + Enter 键并选取 implements methods，然后在弹出的 Select methods to implement 对话框中单击 OK 按钮，即可自动加入这些接口所需要实现的方法。

步骤 4 在 onCreate（ ）中请先设置屏幕不进入休眠状态，接着创建并设置 MediaPlayer 对象，最后再调用 prepareMedia( )方法(下一步骤才会创建)来准备播放音乐。

```
protected void onCreate(Bundle savedInstanceState) {
  super.onCreate(savedInstanceState);
  setRequestedOrientation(ActivityInfo.SCREEN_ORIENTATION_NOSENSOR);//
  设置屏幕不随手机旋转
  setRequestedOrientation(ActivityInfo.SCREEN_ORIENTATION_PORTRAIT);//
  设置屏幕直向显示
  getWindow（ ）.addFlags(WindowManager.LayoutParams.FLAG_KEEP_SCREEN_
  ON);// 设置屏幕不休眠
  setContentView(R.layout.activity_main);
  intView（ ）;
}
private void intView（ ）{
  SetMusic=findViewById(R.id.SetMusic);
  SetVideo=findViewById(R.id.SetVideo);
  Player=findViewById(R.id.Player);
  Stop=findViewById(R.id.Stop);
```

```
    Forward=findViewById(R.id.Forward);
    Backward=findViewById(R.id.Backward);
    FileName=findViewById(R.id.FileName);
    FileUri=findViewById(R.id.FileUrl);
    checkBox=findViewById(R.id.checkbox);
    SetMusic.setOnClickListener(this);
    SetVideo.setOnClickListener(this);
    Player.setOnClickListener(this);
    Stop.setOnClickListener(this);
    Backward.setOnClickListener(this);
    Forward.setOnClickListener(this);
    uri=Uri.parse("android.resource://"+getPackageName（ ）+"/raw/welcome");// 默认
    会播放程序内的音乐文件 welcome.mp3
    FileName.setText("welcome.mp3");// 在界面中显示文件名
    FileUri.setText(uri.toString（ ）);// 显示内键音乐文件的 Uri 路径
    mediaPlayer=new MediaPlayer（ ）;
    mediaPlayer.setOnPreparedListener(this);
    mediaPlayer.setOnCompletionListener(this);
    mediaPlayer.setOnErrorListener(this);
    prepareMedia（ ）;
}
```

步骤 5 接着编写准备播放新音乐的 prepareMusic（ ）的方法：

```
private void prepareMedia（ ）{
        Player.setText(" 播放 ");// 将按钮文字恢复为 “播放”
        Player.setEnabled(false);// 使播放按钮不能按 ( 要等准备好才能按 )
        Stop.setEnabled(false);// 使停止按钮不能按
        try {
            mediaPlayer.reset（ ）;// 如果之前播过歌，必须 reset 后才能换歌
            mediaPlayer.setDataSource(getApplicationContext（ ）,uri);// 指定
            歌曲来源
            mediaPlayer.setLooping(checkBox .isChecked（ ）);// 设置是否重复
            播放
            mediaPlayer.prepare（ ）;// 要求 MediaPlayer 准备播放指定的音乐
        } catch (IOException e) {
            e.printStackTrace（ ）;
```

```
12          }
13      }
```

●第 2 行用于设置播放按钮显示“播放”。由于在播放的过程中此按钮可能会被改为“暂停”或“继续”，因此在准备播放新歌时要将之还原为“播放”。

●第 3、4 行用于设置播放按钮与停止按钮为“尚未准备好”的状态，也就是都禁用（不能单击）。要等到音乐准备好时［会引发 onPrepared（ ）事件］，才会将之设为可用（可以单击）。

●第 7 行是变更 MediaPlayer 要播放的音乐，由于 Uri 可能有误，因此最好加上 try…catch…的错误处理机制，以免程序发生错误而终止。

●第 8 行用于设置重复播放功能。ckbLoop 是界面中的 CheckBox 组件，执行其 isChecked（ ）方法可返回是否已经勾选，然后再用它来设置是否要重复播放。

●第 9 行是执行 prepare（ ）要求 MediaPlayer 准备播放指定的音乐。当 MediaPlayer 准备好时，会引发 onPrepared 事件，这个事件在下一步骤会介绍。

步骤 6 接着编写 3 个事件监听接口所必须实现的事件处理方法。

```
@Override
public void onPrepared(MediaPlayer mp) {
   Player.setEnabled(true);// 当准备好时，让播放按钮起作用（可以单击）
}

@Override
public void onCompletion(MediaPlayer mp) {// 当音乐播放完毕时
   mediaPlayer.seekTo(0); // 将播放位置归 0
   Player.setText(" 播放 ");// 让播放按钮显示“播放”
  Stop.setEnabled(false);// 让停止按钮禁用（不能单击），因为音乐已经
  停止播放
}

@Override
public boolean onError(MediaPlayer mp, int what, int extra) {
   Toast.makeText(this, " 发生错误停止播放 ", Toast.LENGTH_SHORT).
   show（ ）;// 当发生错误 时，显示错误信息
   return false;
}
```

●第 3 行是当音乐准备好时，就让播放按钮起作用，用户单击它之后即可播放音乐。

●第 8~10 行是当播放完成时，将播放位置归 0，然后让播放按钮显示“播放”，并让停止按钮不能被单击（因为已停止播放了）。请注意，播放按钮只有在准备播放时才会设为禁用，而在准备好时即改为可用，所以此处不必再进行设置。

步骤 7　每当用户单击选取歌曲按钮选择了新的音乐时，我们就要执行 prepareMusic（ ）来准备播放音乐，因此请在 onActivityResult（ ）中加入以下灰底标识的程序。

```
19  @Override
20  protected void onActivityResult(int requestCode, int resultCode, Intent data) {
21     super.onActivityResult(requestCode, resultCode, data);
22     if(resultCode== Activity.RESULT_OK){// 如果选取成功
23        isVideo=(requestCode==101);// 记录是否选取了视频文件（当标识码
          为 101 时）
24        uri=data.getData（ ）;
25        FileName.setText(uri.getLastPathSegment（ ）);// 显示文件名（Uri 最后
          一段文字）
26        FileUri.setText(uri.toString（ ）);// 显示文件的路径
27        prepareMedia（ ）;
28     }
29  }
```

步骤 8　接着要编写当用户按下播放、停止等各种控制按钮时所引发的事件处理方法。

```
30  public void onClick(View view) {
31     Intent it=new Intent(Intent.ACTION_GET_CONTENT);// 创建动作“选取
       内容”的 Intent
32     int len;// 创建 int 变量来记录音频的长度
33     int pos;// 创建 int 变量来记录播放的位置
34     switch (view.getId（ ）){// 使用控件的 Id 属性来判断按钮是否被按下
35        case R.id.SetMusic:
36           it.setType("audio/*");// 要选取所有的音乐类型
37           startActivityForResult(it,100);// 以识别编号 100 来启动外部程序
38           break;
39        case R.id.SetVideo:
40           it.setType("video/*");// 要选取所有的视频类型
41           startActivityForResult(it,101);// 以识别编号 101 来启动外部程序
```

```
            break;
        case R.id.Player:
            if(Player.getText ( ) .equals(" 播放 ")){// 如果正在播，就暂停
                Stop.setEnabled(true);// 停止按钮不许使用
                mediaPlayer.start ( ) ;// 开始播放
            }
            else{
                mediaPlayer.start ( ) ;// 开始播放
                Player.setText(" 播放 ");// 播放按钮文本为播放
            }
            break;
        case R.id.Stop:
            mediaPlayer.pause ( ) ;// 停止播放
            Player.setText(" 继续 ");// 播放按钮文本变为继续
            break;
        case R.id.Backward:
            if(!Player.isEnabled ( ) ){// 如果没在播放音乐直接不允许使用
                return;
            }
            len=mediaPlayer.getDuration ( ) ;// 获取音频的长度
            pos=mediaPlayer.getCurrentPosition ( ) ;// 获取当前音频播放的进度
            pos-=5000;// 倒退 5 秒
            if(pos<0){// 如果当前进度小于 5 秒
                pos=0;// 设置进度为 0
            }
            mediaPlayer.seekTo(pos);// 设置音频播放的进度
            Toast.makeText(this, " 倒退 5 秒： " + pos/1000 + "/" + len/1000,
Toast.LENGTH_SHORT).show ( ) ;
            break;
        case R.id.Forward:
            if(!Player.isEnabled ( ) ){
                return;
            }
            len=mediaPlayer.getDuration ( ) ;// 获取音频的长度
            pos=mediaPlayer.getCurrentPosition ( ) ;// 获取当前音频播放的进度
            pos+=5000;// 快进 5 秒
```

```
78          if(pos>len){// 如果当前进度大于音频长度
79            pos=len;// 设置进度为音频长度
80          }
81          mediaPlayer.seekTo(pos);// 设置音频播放的进度
82          Toast.makeText(this, " 快进 5 秒：" + pos/1000 + "/" + len/1000,
83    Toast.LENGTH_SHORT).show ( ) ;
84          break;
85      }
86    }
```

•第 14~23 行是当用户单击播放按钮时，要先判断当前是否正在播放，以决定要如何处理。

•第 24~27 行是当用户单击停止按钮时，播放按钮变为继续，音乐停止播放。

•第 28~57 行则是在处理其他 2 个按钮事件，由于程序的注释中已有详细说明，就不再赘述。

步骤 9　最后，别忘了要编写当 Activity 被暂停或被结束时所要做的工作。

```
87    protected void onPause ( ) {
88      super.onPause ( ) ;
89      if(mediaPlayer.isPlaying ( ) ){// 如果正在播，就暂停
90        Player.setText(" 继续 ");
91        mediaPlayer.pause ( ) ;// 暂停播放
92      }
93    }
94
95    @Override
96    protected void onDestroy ( ) {
97      super.onDestroy ( ) ;
98      mediaPlayer.release ( ) ;// 释放 MediaPlayer 对象
99    }
100
```

•第 3 ~ 5 行是当 Activity 被暂停时，如果正在播放音乐，就将之暂停。

•第 12 行是当 Activity 被结束时，将 MediaPlayer 对象释放掉。

步骤 10　请在手机实体机上测试其结果，看是否和本范例最前面的示范相同。

7.3 播放视频

使用 VideoView 搭配 MediaController 来播放视频

VideoView 组件位于 Palette 窗格的 Containers 区，在使用前要先将它拉拽到界面 Layout 中，然后设置其显示位置与大小，再到程序中新建一个 MediaController 对象作为播放控制接口：

```
vdv = (VideoView) findViewById(R.id.videoView1); // 获取界面中的 VideoView 组件
MediaController mediaCtrl= new MediaController(this); // 创建播放控制对象
vdv.setMediaController(mediaCtrl);  // 设置要使用播放控制对象
```

技巧： 使用 MediaController 时请导入 android.widget.MediaController。

用程序控制 VideoView 的视频播放

前述的 MediaController 控制栏主要是给用户操作的，若要在程序中控制视频的播放，则可用 VideoView 所提供的方法来操作：

```
vdv.setVideURI(uri);  // 设置要播放视频
vdv.start（）；  // 开始播放
vdv.pause（）；  // 暂停播放
vdv.stopPlayback（）；  // 停止播放

boolean b=vdv.isPlaying（）；  // 是否在播放中
int len =vdv.getDuration（）；  // 读取视频长度（秒）
int pos =vdv.getCurrentposition（）；  // 读取当前的播放位置（秒）
vdv.seekTo(pos);                    // 设置播放位置（秒）
```

设置全屏幕显示

Android 在执行程序时，屏幕上通常都会出现系统的状态栏，以及 Activity 的标题栏，如图 7-6 所示。

图 7-6　设置全屏幕显示

但现在播放视频时，我们通常会尽量让显示视频的区域越大越好，此时就可将状态栏和标题栏都隐藏起来，而达到全屏幕播放的效果。

隐藏状态栏和标题栏的方法如下：

```
01 getWindow ( ) .addFlags(WindowManager.LayoutParams.FLAG_
   FULLSCREEN);// 隐藏系统的状态栏
02     getSupportActionBar ( ) .hide ( ) ;         // 隐藏标题栏
03
04 setContentView(R.layout.activity_video);
05
06    getWindow ( ) .addFlags(WindowManager.LayoutParams.FLAG_KEEP_
      SCREEN_ON);// 保持屏幕一直开着 ( 不要自动休眠 )
```

●第 1、2 行可隐藏状态栏及标题栏，这 2 行必须在第 4 行 setContentView ( ) 之前执行才会有效果。另外，程序第 6 行用于设置屏幕不要自动休眠，以免视频没看多久就突然暗掉。

处理在播放视频时切换到首页或其他程序的情况

在播放视频的时候，如果用户突然切换到首页或者其他程序，那么我们应该要暂停播放视频，直到用户又切换回来时才继续播放。

要处理这个情况，可以利用 Activity 生命周期中的 onPause （ ）和 onResume（ ）两个时机。

```
public class VoideActivity extends AppCompatActivity {
  int pos =0； // 用来记录当前次的播放位置，默认为 0
  ...
   protected void onResume （ ）  { // 当 Activity 获得输入焦点
      super.onResume（ ）;
       vdv.seekTo(pos);  // 移到 pos 的播放位置
       vdv.start（ ）;   // 开始播放
}

protected void onPause( ) { // 当 Activity 失去输入焦点时( 例如切换到其他程序 )
      super.onPause（ ）;
      pos=vdv.getCurrentPosition（ ）; // 存储播放位置
      vdv.stopPlayback（ ）;  // 停止播放
   }
  }
```

以上程序一开始时先将 pos 设置为 0，接着在 onResume（ ）中会跳到 pos 的位置开始播放；在 onPause（ ）中则会将当时的播放位置存储到 pos 中。因此，Activity 一开始启动时会从位置 0 开始播放，而当用户切换到其他程序又切换回来时，则会从 onPause( ) 中存储的位置开始播放，如图 7-7 所示。

处理在播放时旋转手机的情况

（1）当手机旋转而造成 Activity 重新启动前会引发只有此情况才特有的 onSaveInstanceStata(Bundle sb) 事件，在此事件中我们可以将当时的播放位置存储到参数 sb 中（它是一个系统的 Bundle 对象）。旋转时切换程序的流程见图 7-8。

（2）当 Activity 重新启动时，onCreate(Bundle sb) 的 sb 参数即为步骤（1）所存储的系统 Bundle 对象，因此我们可以由 sb 来读取步骤（1）所存储的播放位置。

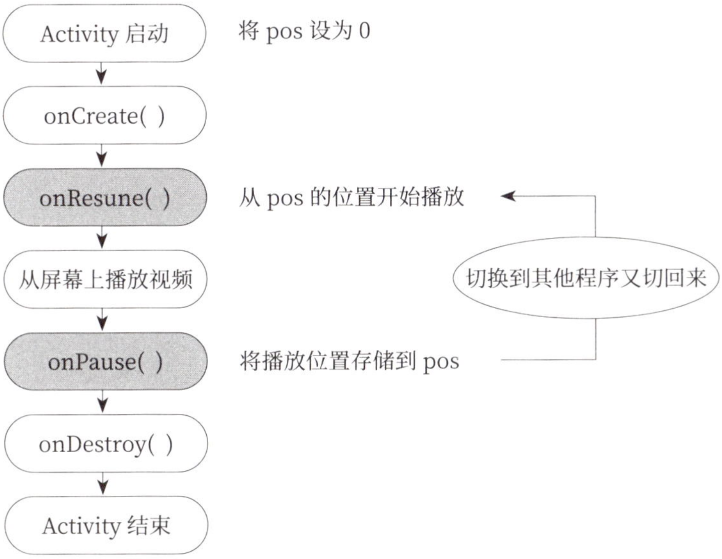

图 7-7　切换程序时的流程

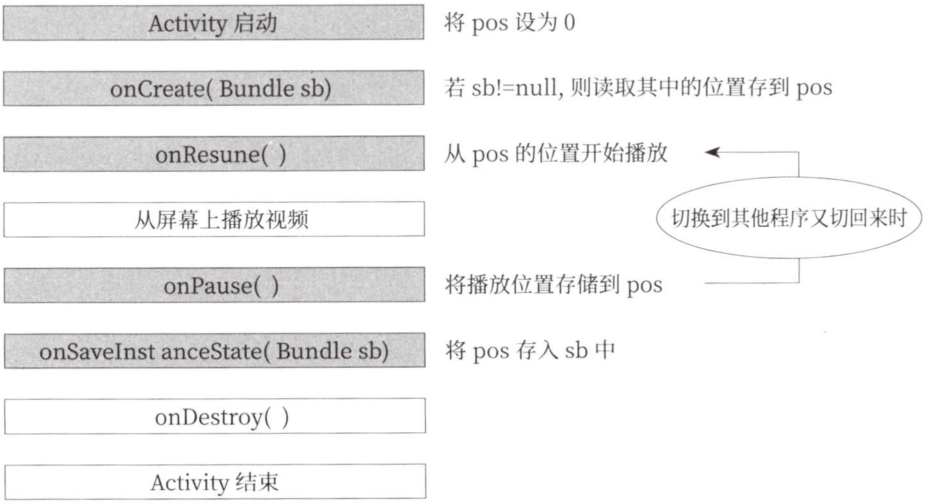

图 7-8　旋转时切换程序的流程

范例：使用 VideoView 播放视频

当用户单击选取视频按钮后选取了视频，然后再单击播放按钮时会打开一个新的 Activity 在全屏幕中播放视频，如图 7-9 所示。

图 7-9　VideoView 播放视频

步骤 1　请在前面的 Ch07_Player 项目基础上进行完善。

步骤 2　在 Project 窗格的 App 模块上单击鼠标右键，依次单击“new/Activity/BlankActivity”菜单选项，然后执行如下操作来新增一个 Activity，如图 7-10 所示。

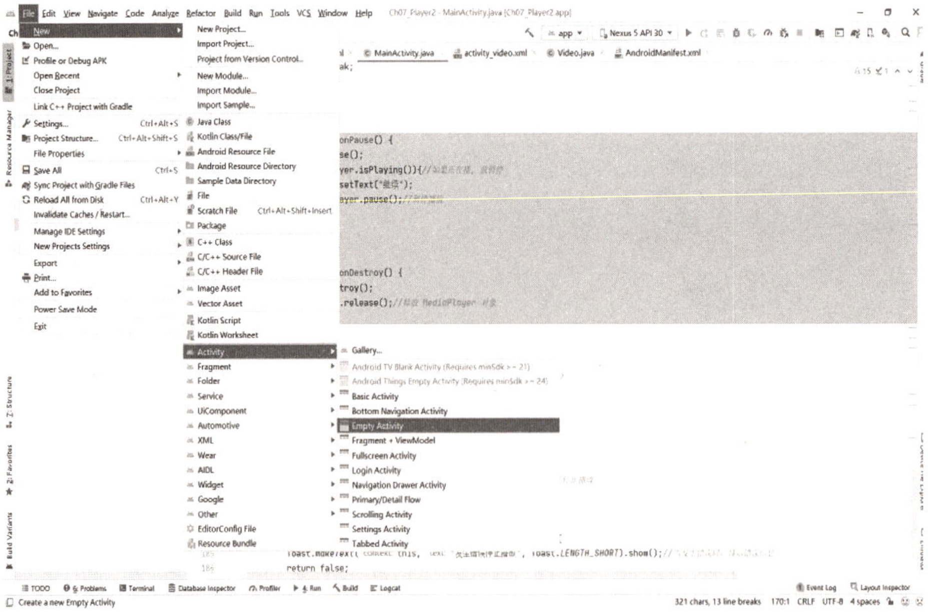

图 7-10　加入一个新的 Activity

步骤 3　在新的 Layout 文件（activity_video.xml）中将 Hello Word！组件删除，再将 RelativeLayout 更换为 LinearLayout 文件（Vertical），编写布局文件如图 7-11 所示。

图 7-11　编写布局文件

步骤 4　接着在 MainActivity 类的 onClick 方法加入当单击播放按钮时若是视频则要打开新的 Activity 来播放内容：

```
case R.id.Player:
   if(!isVideo){ // 判断是否为视频文件
      if(Player.getText（）.equals(" 播放 ")){// 如果正在播放，就暂停
         Stop.setEnabled(true);// 停止按钮不许使用
         mediaPlayer.start（）;// 开始播放
      }
      else{
         mediaPlayer.start（）;// 开始播放
         Player.setText(" 播放 ");// 播放按钮文本为播放
      }
```

```
11    }
12    else{
13      Intent intent=new Intent(MainActivity.this,Video.class);// 如果选择视频文
14     跳转到 Video 活动
15      intent.putExtra("Uri",uri.toString ( ) );// 传入视频文件 Uri
16      startActivity(intent);// 跳转 Acitvity
17      finish ( ) ;// 销毁当前的活动
18    }
19    break;
```

●第 12 ~ 18 行就是新加的程序，请注意，第 15 行是以“uri”为名将视频的 Uri 存到 Intent 中，因此稍后在 Video 类中也要以“uri”为名来获取视频的 Uri。

步骤 5 请打开新的 Activity 的程序文件 Video.java，然后声明 2 个变量并修改 onCreate ( ) 方法。

```
public class Video extends AppCompatActivity implements View.
OnClickListener {
  private Button Exit;
  private VideoView videoView;// 用来引用 VideoView 对象
  private int pos=0;// 用来记录前次的播放位置
  private Uri uri;
  private MediaController mediaController;

  @Override
  protected void onCreate(Bundle savedInstanceState) {
     super.onCreate(savedInstanceState);
     getWindow ( ) .addFlags(WindowManager.LayoutParams.FLAG_
     FULLSCREEN);// 隐藏系统的状态栏
     getSupportActionBar ( ) .hide ( ) ;// 隐藏标题栏
     getWindow ( ) .addFlags(WindowManager.LayoutParams.FLAG_KEEP_
     SCREEN_ON);// 保持屏幕一直开着 ( 不要自动休眠 )
     setContentView(R.layout.activity_video);
     if(savedInstanceState!=null){ // 如果是因旋转而重新启动 Activity
       pos=savedInstanceState.getInt("pos",0);// 取出旋转前所存储的播放位置
     }
     intView ( ) ;
```

```
21      }
22      private void intView ( ) {
23          Exit=findViewById(R.id.Exit);
24          videoView=findViewById(R.id.videoview);
25          Exit.setOnClickListener(this);
26          Intent it=getIntent ( ) ;// 获取传入的 Intent 对象
27          uri=Uri.parse(it.getStringExtra("Uri"));// 取出要播放视频的 Uri
28         mediaController=new MediaController(this);// 创建播放控制对象
29         videoView.setMediaController(mediaController); // 设置要用播放控制
30         对象来控制播放
31          videoView.setVideoURI(uri);// 设置要播放视频的 Uri
32      }
33
34      @Override
35      public void onClick(View v) {
36          switch (v.getId ( ) ){
37              case R.id.Exit:
38                  Intent intent=new Intent(Video.this,MainActivity.class);
39                  startActivity(intent);
40                  finish ( ) ;
41          }
42      }
```

•第 11~14 行用于隐藏系统的状态栏、隐藏 Activity 的标题栏以及设置屏幕不要自动休眠。

•第 26、27 行是在 Internet 中以“uri”为名获取视频的 Uri。

•第 17、18 行是检查 onCreate ( ) 的 Bundle 参数，若不为空的则表示之前有因旋转手机而重新启动 Activity，因此此参数中以“pos”为名读取重新启动的播放位置，并存到 pos 变量中，以便稍后在 onResume ( ) 时从该位置继续播放。

•第 29~31 行是获取 videoView 组件并设置其控件，以及设置要播放视频的 Uri。请注意，MediaController 要导入 android.widget.MediaController 软件包。

步骤 6　最后，加入 onResume ( ) 和 on Pause ( ) 这两个 Activity 的事件处理方法，以及当旋转手机而重新启动 Activity 前会引发的 onSaveInstanceState ( ) 方法。

```
@Override
protected void onResume ( ) {// 当 Activity 启动或由暂停状态回到互动状态时
```

```
3       super.onResume ( ) ;
4       videoView.seekTo(pos);// 移到 pos 的播放位置
5       videoView.start ( ) ;// 开始播放
6   }
7
8   @Override
9   protected void onPause ( ) {
10      super.onPause ( ) ;
11      pos=videoView.getCurrentPosition ( ) ; // 存储播放位置
12      videoView.stopPlayback ( ) ;// 停止播放
13  }
14
15  @Override
16  public void onSaveInstanceState(@NonNull Bundle outState, @NonNull
17  PersistableBundle outPersistentState) {
18      super.onSaveInstanceState(outState, outPersistentState);
19      outState.putInt("pos", pos); // 将暂停时所获取的当前播放位置存储起来
20  }
```

- 第 4、5 行先将播放位置移到 pos 处，然后开始播放。
- 第 19 行会先将当前播放位置存储到 outState 中。outState 为一个系统的 Bundle 对象，可以执行 putInt ( ) 来存入 int 数据。此处是以"pos"为名来存储播放位置的，以便在重新启动后可在 onCreate ( ) 中取出此 int 数据。

步骤 7 请在手机中测试结果，看是否和本范例前面所示的示范相同。

8 项目 8 传感器应用

大多数智能手机都会搭载多种传感器，例如加速度传感器、地磁传感器、距离传感器、亮度传感器等。

8.1 加速度传感器

本项目教大家如何读取加速度传感器的值，然后用它来制作一个简易的水平仪，最后用它来为项目 7 的影音播放器加上体感控制功能。

认识加速度传感器

加速度传感器可以检测手机在 x、y、z 三个方向的加速度值，如图 8-1、图 8-2 所示。

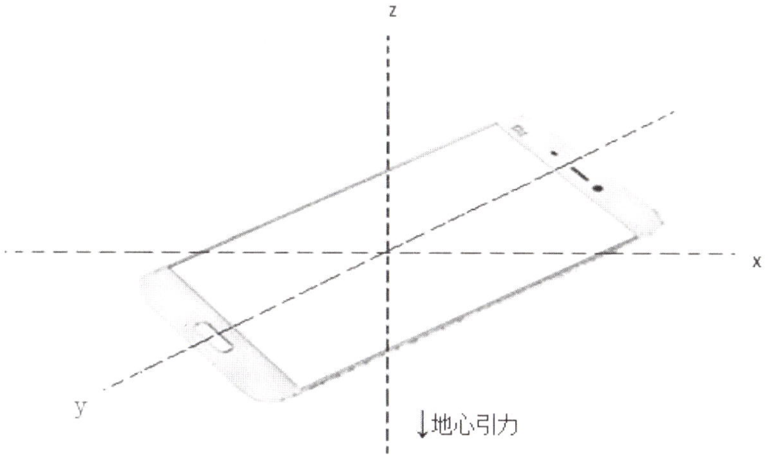

图 8-1 手机平躺

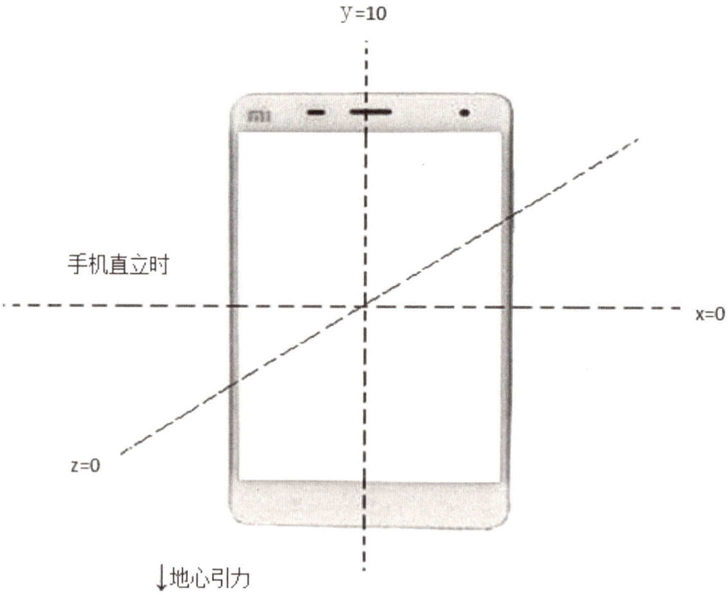

图 8-2　手机直立

当手机平躺不动时，在 x、y 轴的加速度都是 0，而 z 轴则因地心引力的作用而有加速度，其值为 10（单位是 m/s^2，地表重力加速度约为 $9.8m/s^2$，本项目为简化计算，均以 10 表示）。

若手机慢慢地直立起来，则 y 轴会逐渐受地心引力的作用而慢慢由 0 变成 10，z 轴则会由 10 慢慢变成 0。

如果将手机倒过来直立，那么 y 轴会变成 –10 的加速度，而 x、z 轴均为 0。利用这个特性，我们就可以利用手机在 x、y 轴加速度值算出手机的倾斜程度与倾斜方向。

不过以上是针对手机不动的情况，如果将手机平躺并朝 x 轴用力摇晃，那么除了 z 轴依然受地心引力而固定有 10 的加速度，在 x 轴也会产生加速度，而且还会随着摇动方向一正一负地变换，例如 7、–7、6、–6、…摇得越用力，加速度值就会越大。

因此，如果想要加测手机是否摇动，那么比较简单的做法就是将手机在 x、y、z 轴的加速度取绝对值后再加总和，然后检查是否大于 32，若大于 32（手机静止时为 10）则表示手机正在摇动中。

获取系统的传感器对象

要读取加速度传感器的值，首先要获取系统的传感器管理器以及加速度传感器对象。例如：

```
SensorManager sm;
sm= ( SensorManager ) getSystemService(SENSOR_SERVICE);// 由系统服务获取传感器管理器
Sensor sr;
sr=sm.getDefaultSensor ( SensorTYPE_ACCELEROMETER);// 获取加速度传感器
```

上述代码需要导入 2 个程序包：android.hardware.SensorManager 和 android.hardware.Sensor。

最后一行的 SensorTYPE_ACCELEROMETER 是定义在 Sensor 类中的，代表加速度传感器（AcceleroMeter）的常数。各种常见的传感器种类如表 8-1 所示。

表 8-1　各种常见的传感器种类

常数	传感器种类	常数	传感器种类
TYPE_ACCELEROMETER	加速度传感器	TYPE_AMBIENT_TEMPERATURE	温度传感器
TYPE_MAGNETIC_FIELD	地磁传感器	TYPE_GYROSCOPE	陀螺仪（可检测旋转）
TYPE_LIGHT	亮度传感器	TYPE_LINEAR_ACCELERATION	直线加速传感器
TYPE_PROXIMITY	距离传感器	TYPE_RELATIVE_HUMIDITY	相对湿度传感器
TYPE_PRESSURE	大气压力传感器	TYPE_ROTATION_VECTOR	旋转向量传感器
TYPE_GRAVITY	重力传感器		

读取传感器的值

由于传感器的值随时都可能有变化，因此在 Android 中以“引发监听事件”的方式来传送传感器的值。例如，下面利用 MainActivity 来实现 SensorEventListener 监听接口，此接口有 2 个监听方法必须由我们来实现：

```
01 public class MainActivity extends AppCompatActivity
02          implements SensorEventListener{     // 实现传感器监听接口
```

```
03 ...
04 @override
05 public void onSensorChanged（SensorEven event）{ // 每当传感器的值改变时
   就会调用此方法
06  // 可从参数 event 来读取传感器的值，然后再进行后续处理
07 }
08 @override
09 public final void onAccuracyChanged（Sensor sensor,int accuracy）{ // 每当传感
10  器的精度改变时就会调用此方法
11 // 可从参数 accuracy 来读取改变后的精确度
12 }
13 ...
14 }
```

技巧： 上述程序需要导入 2 个程序包：android.hardware.SensorEvent 和 android.hardware.SensorEvenListener。

上述第 5 行 onSensorChanged（ ）的参数 event 对象中则内含了传感器所传来的值，例如读取加速度传感器的 x、y、z 轴加速度值：

```
float x=event.values[0];//x 轴加速度值
float y=event.values[1];//y 轴加速度值
float z=event.values[2];//z 轴加速度值
```

实现好监听接口之后，即可利用 MainActivity 对象作为监听器来向传感器注册。例如：

sm.registerListener（this,sr,SensorManager.SENSOR_DELAY_NORAMAL）;// 将 this 注册为 sr（加速度传感器）的监听器

以上方法的第 1 个参数 this 作为监听器的 MainActivity 对象，第 2 个参数 sr 为要被注册的传感器对象，而第 3 个参数则为引发事件的频率，可选择的频率如表 8-2 所示。

最后，当我们不再需要监听时，应将监听对象解除注册，以免浪费系统资源：

表 8-2　引发事件的频率

事件频率	适用时机
SENSOR_DELAY_NORMAL	一般情况（约 0.2 秒的延迟）
SENSOR_DELAY_UI	适合操作接口用（约 0.06 秒的延迟）
SENSOR_DELAY_GAME	适合游戏用（约 0.02 秒的延迟）
SENSOR_DELAY_FASTEST	最快的速度（不进行延迟）

sm.unregisterListener（this）；// 解除

一般来说，我们都会在 Activity 的 onResume（）事件中进行注册，并在 onPause（）事件中接触注册。如此当 Activity 的界面被其他程序覆盖时（例如切换到其他程序）就会停止检测，当界面再次显示时则又可以继续检测。

范例：显示加速度传感器的加速值

范例的执行结果如图 8-3 所示。

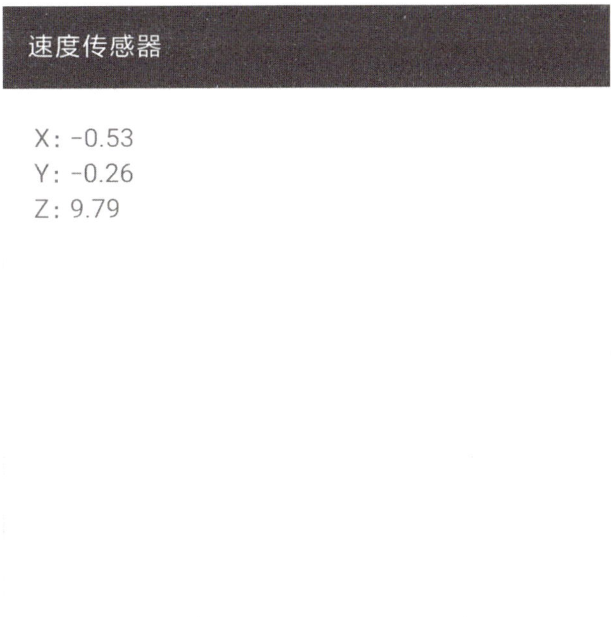

图 8-3 运行结果

8.1.1 创建加速度传感器项目

新建 Ch8_AccSensor 项目，并将程序名称设为“加速度传感器”。

8.1.2 设置界面布局

在 Layout 界面中将默认的“Hello World”组件删除，然后再加入一个 LinearLayout 组件至 X、Y、Z，如图 8-4 所示。

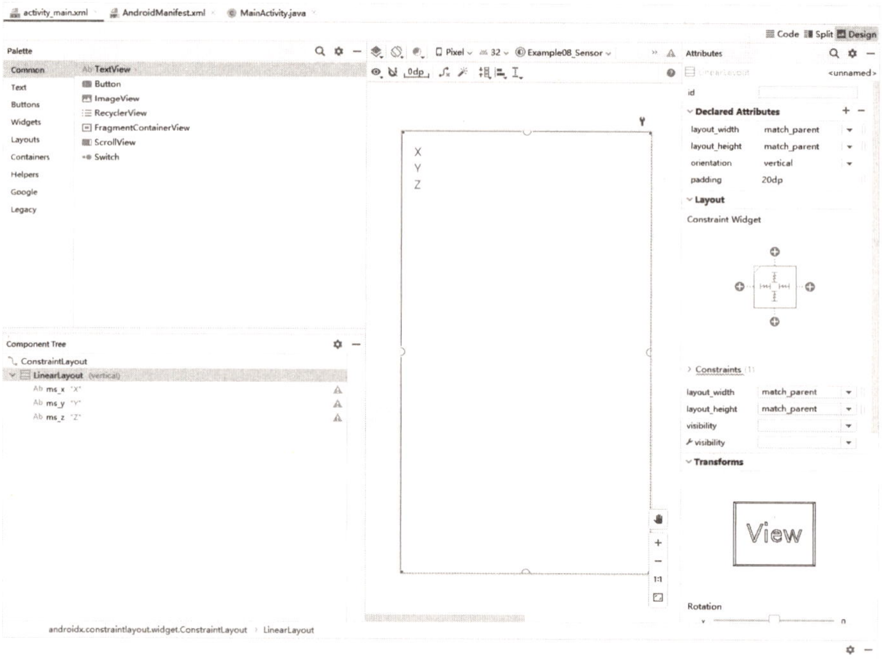

图 8-4 添加组件

8.1.3 传感器和加速器的初始化

接着编写程序，首先让 MainActivity 实现传感器的 SensorEventListener 监听接口，然后在 MainActivity 中声明 3 个变量，并在 onCreate ( ) 中获取传感器管理员和加速度传感器对象。

```
public class MainActivity extends AppCompatActivity
        implements SensorEventListener {

    SensorManager sm; // 用来引用【传感器管理员】
    Sensor sr;        // 用来引用【加速度传感器对象】
    TextView txv;     // 用来引用画面中的文字组件

    @Override
    protected void onCreate(Bundle savedInstanceState) {
        super.onCreate(savedInstanceState);
        setContentView(R.layout.activity_main);

```

```
    sm = (SensorManager) getSystemService(SENSOR_SERVICE); // 从系统服务获取传感器管理员
    sr = sm.getDefaultSensor(Sensor.TYPE_ACCELEROMETER); // 获取加速度传感器
    txv = (TextView) findViewById(R.id.textView);    // 获取 TextView 组件
}
```

8.1.4 实现加速器的具体逻辑

接着加入监听接口所需实现的 2 个事件方法。不过在使用加速度传感器时，“精确度改变”的事件不用处理，因此留白就好。

```
01 @Override
02 public void onSensorChanged(SensorEvent event) {  // 加速度值改变时
03     txv.setText(String.format("X 轴 : %1.2f\n\nY 轴 : %1.2f\n\nZ 轴 : %1.2f",
04             event.values[0], event.values[1], event.values[2]));
05 }
06
07 @Override
08 public void onAccuracyChanged(Sensor arg0, int arg1) { }
```

- 第 3 行是将参数 event.values[ ] 中的 x、y、z 加速度值显示到 TextView 上。其中的 String.format（ ）可以将数值格式化，其用法和 printf（ ）类似，而 %1.2f 则表示要将 float 数值格式化为包含两位小数的字符串。

8.1.5 监听对象的注册与取消

最后是在 onResume（ ）和 onPause（ ）中进行监听对象的注册与取消注册操作。

```
@Override
protected void onResume ( ) {            // 当 Acticity 界面显示出来时
    super.onResume ( ) ;
    sm.registerListener(this, sr, SensorManager.SENSOR_DELAY_NORMAL); // 向加速度传感器 (sr) 注册监听对象 (this)
}
@Override
```

```
    protected void onPause ( ) {
        super.onPause ( ) ;
        sm.unregisterListener(this); // 取消监听对象 (this) 的注册
    }
}
```

【小　结】

本节学习了传感器如何创建与使用，以及取消和注册监听器。

8.2　水平仪

范例：利用加速度传感器制作计步器

当 x、y 轴的加速度均为 0 时，表示手机正处于水平状态；若将手机的头部往上抬起，则 y 轴的值会变大，若反方向抬起则 y 轴的值会变成负数且越来越小。若将手机的右侧或左侧抬起，则 x 轴的值也会有类似变化，如图 8-5 所示。

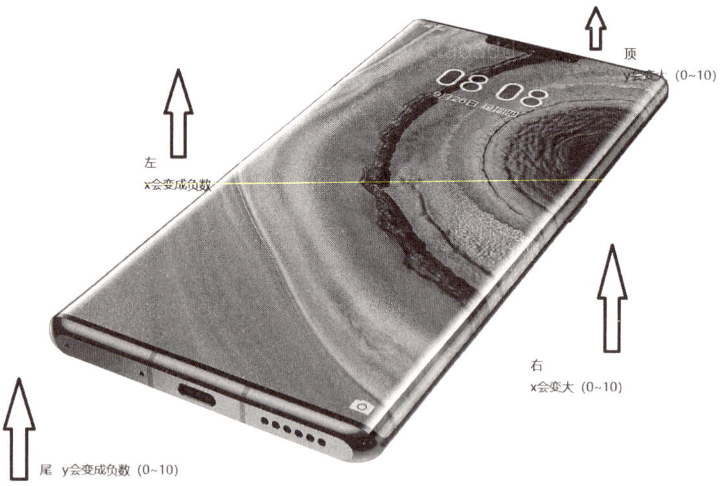

图 8-5　水平仪分析

利用 x、y 轴加速度值的变化，就可以用手机做出一个有趣的计步器了，结果如图 8-6、图 8-7 所示。

图 8-6　运动结果（手机晃动时）

图 8-7　静止结果（手机平躺时）

8.2.1　创建水平仪项目

新建 example08_pedometer 项目，并将程序名设为“计步器”。

8.2.2　设置界面布局

在 Layout 界面中将默认的组件删除，然后加入一个 LinearLayout 组件，在里面添加一个 TextView 控件和一个 Button 控件，如图 8-8 所示。在右边属性窗口修改各控件的属性值，如图 8-9 所示。

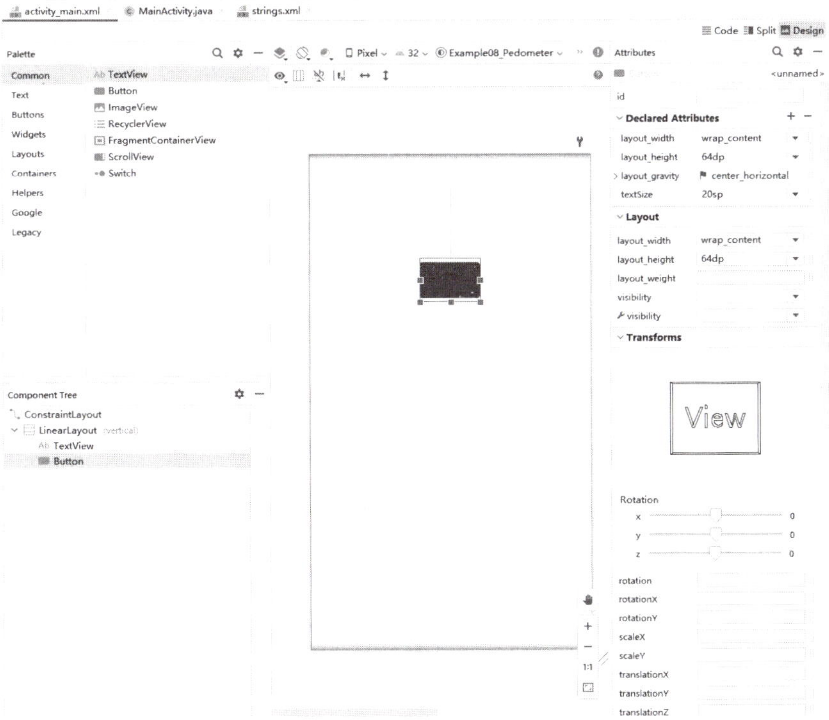

图 8-8　设置组件属性

8.2.3 编写实现代码

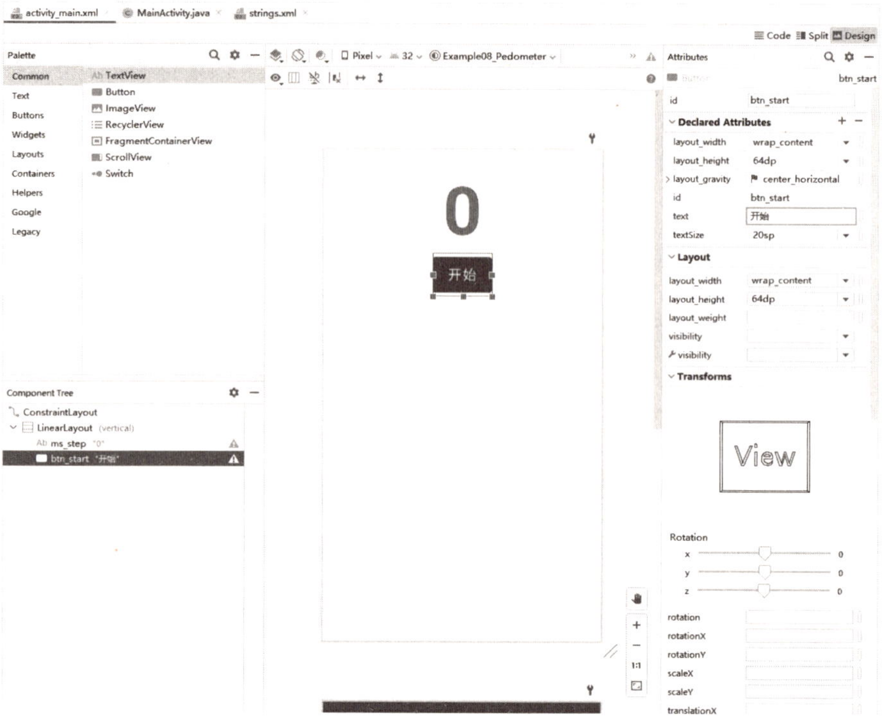

图 8-9 更改属性

接着编写程序，大部分和上一节的范例相同。

```
public class MainActivity extends AppCompatActivity
implements View.OnClickListener, SensorEventListener {
    private SensorManager sm;
    private Sensor mSensorAccelerometer;
    private TextView ms_step;
    private Button btn_start;
    private int step = 0;   // 步数
    private double oriValue = 0;  // 原始值
    private double lstValue = 0;  // 上次的值
    private double curValue = 0;  // 当前值
    private boolean motiveState = true;   // 是否处于运动状态
    private boolean processState = false;   // 标记当前是否已经在计步
    @Override
```

```
protected void onCreate(Bundle savedInstanceState) {
    super.onCreate(savedInstanceState);
    setContentView(R.layout.activity_main);
    sm = (SensorManager) getSystemService(SENSOR_SERVICE);
    mSensorAccelerometer=
    sm.getDefaultSensor(Sensor.TYPE_ACCELEROMETER);
    sm.registerListener
   (this,mSensorAccelerometer,SensorManager.SENSOR_DELAY_UI);
    ms_step = (TextView) findViewById(R.id.ms_step);
    btn_start = (Button) findViewById(R.id.btn_start);
    btn_start.setOnClickListener(this);
}
@Override
public void onSensorChanged(SensorEvent event) {
    // 设定一个精度范围
    double range = 1;
    float[ ] value = event.values;
    // 计算当前的模
    curValue = magnitude(value[0], value[1], value[2]);
    // 向上加速的状态
    if (motiveState == true) {
        if (curValue >= lstValue) lstValue = curValue;
        else {        // 检测到一次峰值
            if (Math.abs(curValue -lstValue) > range) {
                oriValue = curValue;
                motiveState = false;
            }
        }
    }    // 向下加速的状态
    if (motiveState == false) {
        if (curValue <= lstValue) lstValue = curValue;
        else {
            if (Math.abs(curValue -lstValue) > range) {
                // 检测到一次峰值
                oriValue = curValue;
                if (processState == true) {
```

```
50                  step++; // 步数 + 1
51                  if (processState == true) {
52                      ms_step.setText(step + "");  // 读数更新
53                  }
54              }
55              motiveState = true;
56          }
57      }
58    }
59  }
60  @Override
61  public void onAccuracyChanged(Sensor sensor, int accuracy) { }
62  @Override
63  public void onClick(View v) {
64      step = 0;
65      ms_step.setText("0");
66      if (processState == true) {
67          btn_start.setText(" 开始 ");
68          processState = false;
69      } else {
70          btn_start.setText(" 停止 ");
71          processState = true;
72      }
73  }     // 向量求模
74  public double magnitude(float x, float y, float z) {
75      double magnitude = 0;
76      magnitude = Math.sqrt(x * x + y * y + z * z);
77      return magnitude;
78  }
79  @Override
80  protected void onDestroy ( ) {
81      super.onDestroy ( ) ;
82      sm.unregisterListener(this);
83  }
84 }
```

- 第 13~25 行注册步行监听事件。

- 第 26~59 行设定检测范围，注册步行检测事件，检测到一次峰值，步数相应地+1。
- 第 60~84 行对传感器输出的信号进行监听。

8.2.4　效果测试

在手机上测试结果，看看是否和本范例最前面的示范相同。

【小　结】

本节巩固了上一节的知识，让我们有更加深刻的了解。

8.3　体感控制

范例：利用加速度传感器控制音乐播放器

接着我们就来替上一项目的“Vs 影音播放器”加上体感控制功能，当手机面朝下平躺时要暂停播放音乐，摇动手机时则要切换播放状态。

8.3.1　创建传感器音乐播放器项目

将项目 7 example07_Player3 项目复制为 example08_Player4 项目来修改。

8.3.2　实现 SensorEventListener 接口

接着修改程序，首先让 MainActivity 类多实现一个 SensorEventListener 接口，并多声明 3 个变量。

```
public class MainActivity extends AppCompatActivity implements
  MediaPlayer.OnPreparedListener, // 实现 MediaPlayer 的 3 个事件监听接口
  MediaPlayer.OnErrorListener,
  MediaPlayer.OnCompletionListener,
    SensorEventListener {
    SensorManager sm; // 用来引用【传感器管理员】
    Sensor sr;        // 用来引用【加速度传感器对象】
    int delay = 0;    // 用来延迟体感控制的检测间隔
```

8.3.3 获取传感器与加速器

在 onCreate（ ）的最后面加入下面 2 行来获取传感器管理员和加速度传感器对象。

```
protected void onCreate(Bundle savedInstanceState) {
    super.onCreate(savedInstanceState);
    setContentView(R.layout.activity_main);
    . . .
  // 从系统服务获得传感器管理员
    sm = (SensorManager) getSystemService(SENSOR_SERVICE);
    sr = sm.getDefaultSensor(Sensor.TYPE_ACCELEROMETER);  // 获得加速传感器
  }
```

8.3.4 实现监听器的注册与取消

接着加入 onResume（ ）方法来注册加速度传感器的事件监听器，并在 onPause（ ）中取消注册。

```
@Override
  protected void onResume（ ）{
      super.onResume（ ）;
      sm.registerListener(this, sr, SensorManager.SENSOR_DELAY_NORMAL); // 向加速度传感器 (sr) 注册监听对象 (this)
  }

  @Override
  protected void onPause（ ）{
    super.onPause（ ）;

    if (mper.isPlaying（ ）) { // 如果正在播放，就暂停
      btnPlay.setText(" 继续 ");
      mper.pause（ ）; // 暂停播放
    }
    sm.unregisterListener(this); // 取消监听对象 (this) 的注册
  }
```

8.3.5 编写具体实现逻辑

最后，在加速度传感器的 onSensorChanged（ ）监听方法中加入体感控制功能。

```
01 // 实现 SensorEventListener 接口监听方法
02  @Override
03    public void onAccuracyChanged(Sensor arg0, int arg1) {    } // 不需要处理
04
05 @Override
06    public void onSensorChanged(SensorEvent event) {
07        float x, y, z;
08        x = event.values[0];
09        y = event.values[1];
10        z = event.values[2];
11
12        if(Math.abs(x) < 1 && Math.abs(y) < 1 && z < -9) { // 如果手机面朝下平放
13            if(mper.isPlaying ( ) ) {   // 如果正在播放，就要暂停
14                btnPlay.setText(" 继续 ");
15                mper.pause ( ) ;
16            }
17        }
18        else {
19            if(delay > 0) { //delay 大于 0 时，表示要略过这次的检测
20                delay--; // 将次数减 1，直到 0 为止
21            }
22            else {
23        if(Math.abs(x) + Math.abs(y) + Math.abs(z) > 32) { // 加速度总和超过 32
24                    if(btnPlay.isEnabled ( ) ) // 如果音乐已准备好（可以播放）
25                        onMpPlay(null);   // 模拟按下播放按钮（切换“播放”与“暂停”状态）
26                    delay = 5; // 延迟 5 次不检测（约 1 秒）
27                }
28            }
29        }
30  }
```

- 第 8 ~ 10 行是读取 x、y、z 的加速度值。
- 第 12 ~ 17 行检测手机是否为正面朝下平躺的状态，若是则暂停播放。

●第 19 ~ 28 行是检测手机是否为摇动状态，若是则切换“播放”与“暂停状态”，并用 delay 设置后续 5 次事件都不再检查。

8.3.6　查看测试效果

完成后请在手机中测试结果。

【小　结】

本节在前两节的知识下，进阶使用，并让读者能够运用在实际开发中。

9　项目 9 SQLite 数据库

本项目将介绍如何使用 Android 内建的 SQLite 数据库存储数据。另外，还会说明如何将查询到的数据通过 Adapter 对象显示到 ListView。

9.1　认识 SQLite 数据库

SQLite 是一套开放源码的数据库引擎，Android 内建了 SQLite 功能，让 Android App 可以很方便地利用它存储数据。SQLite 支持关系数据库的查询语言 SQL 大部分的语法，所以读者若有用过 SQL Server、MySQL 等关系数据库，就能很快上手。

Android SDK 提供的类已简化了使用 SQLite 数据库的操作，使用时只需要用到一些基本 SQL 语法。以下先简单说明创建数据表、新增数据的 SQL 语法。

数据库、数据表、数据字段

要利用 SQLite 数据库存储数据，必须先创建数据库（此部分可通过 Activity 内建的方法来实现）。要存储数据，则需要先在数据库中创建数据表（Table）。我们可以把数据表视为一个二维的表格，例如简单的通信数据表可能有的内容如表 9-1 所示。

纵向的一列称为字段（Column），代表着一项特定意义的数据，例如“name”栏用来存储客户的名称。横向的一行则称为记录（Record，或 Row），每一个记录都存储着一组完整的数据，例如表 9-1 第 2 个记录，就存储着“卢拉拉”这个客户的联系数据。

表 9-1　简单的通信数据表内容

name	phone	email
孙小小	（02）23963257	small@flag.com.tw
卢拉拉	（02）23211271	lala@flag.com.tw
陈章章	（02）23975215	chacha@flag.com.tw

9.1.1 CREATE TABLE 语句创建数据表

创建数据表的 SQL 语句为“CREATE TABLE”，语法如下：（SQL 语句不分大小写，但为了方便辨别，以下介绍语法时，SQL 关键字都使用大写字母）

```
CREATE TABLE 数据表名称 （字段名 数据类型 PRIMARY KEY,
                  字段名 数据类型，  主键
                   ...）
              可以有多组“字段名 数据类型”
```

字段名指定了“PRIMARY KEY”时，表示要以该字段的值创建主键，每个数据表只能有一个字段设为主键。每组数据的主索引字段值必须是唯一的，不可以重复。

所以前面范例中的“通信”数据表就可以用如下的语法创建：

```
CREATE TABLE customers （name VARCHAR(32),
                        phone VARCHAR(16),
                        email VARCHAR(32)）
```

其中，VARCHAR 表示可变动长度的字符，括号中的数字表示字符数上限，例如 VARCHAR（32）表示最多可存 32 个字符。

9.1.2 openOrCreateDatabase（）创建数据库

在项目的 MainActivity 类，有一个 openOrCreateDatabase（）方法可创建及打开数据库，如名称所示，此方法会打开（open）参数所指的数据库，若数据库不存在，则会先创建（creat）再打开它，其参数如下：

```
openOrCreateDatabase（“customer”，              // 数据库名称
                    Context.MODE_PRIVATE,       // 创建数据库文件的模式
                    null）;                     // 返回查询结果的类
```

- 数据库名称：这是最重要的参数。
- 运行模式：创建此数据库文件的方式。一般会设为 0，或使用常数 Context.MODE_PRIVATE, 表示仅供自己使用的数据库。
- 第 3 个参数是指定对此数据库查询时返回查询结果的类。一般使用 null，表示使用系统默认的类。

openOrCreateDatabase（）执行成功，会返回代表数据库的 SQLiteDatabase 对象。SQLiteDatabase 类已内建许多方法，可用于执行 SQL 语句、写入数据、进行查询、清除数据等。下面先介绍如何创建数据表及写入数据。

用 execSQL（）方法执行 CREATE TABLE 语句

使用 SQLiteDatabase 对象创建数据表，必须使用前面介绍的 CREATE TABLE 语句作为参数，调用 execSQL（）方法，例如：

```
SQLiteDatabase db=openOrCreateDatabase（...）;// 获取数据库对象
String SQL="CREATE TABLE  test"+ // 创建 "test" 数据表的 SQL 语法字符串
      "(name VARCHAR(32),"+
      "phone VARCHAR(32),"+
      "email VARCHAR(32))";
db.execSQL(sql);              // 执行上面的 CREATE TABLE 语句
```

9.1.3 insert（）方法和 ContentValues 对象新增数据

创建数据表后，可使用 insert（）方法新增数据，此方法需要配合 ContentValues 对象使用。我们可将 ContentValues 看成是“字段名 => 字段值”键值对（Key–Value pair）的集合，所有要新增的数据都要用 put（）方法存到 ContentValues 对象中：

```
ContentValues  cv=new ContentValues（3）; // 创建含 3 个字段的 ContentValues 对象
cv.put（"name"," 孙小小 "）;  //name 字段为“孙小小”
cv.put（"phone","(02)23963257"）; //phone 字段为“(02)23963257”
cv.put（"email","small@flag.com.tw"）;//email 字段为“small@flag.com.tw”
db.insert（"customers",null,cv）;  // 将上列内容写入 customers 数据表，新增 1 个记录
```

孙小小	(02)23963257	small@flag.com.tw

Insert（）方法的第 2 个参数用于设置当 ContentValues 对象参数为包含内容时，插入空数据的处理方式，一般不会用到，故设为 null。

9.1.4 范例：创建数据库及数据表

下面就用前面介绍的内容试着创建一个数据库。

创建数据库项目

创建新项目，命名为“Ch9_HelloSQLite”。

项目相关解释

本范例还无法查询及显示数据，所以只能将创建的数据库基本信息列出，请为预建布局 TextView 设置 id 和 textSize 属性。

编写具体实现代码

打开 MainActivity.java，加入如下类变量，并在 onCreate（ ）方法中加入创建数据库的程序代码：

```
package jcwl.com.ch9_hellosqlite;
import android.support.v7.app.AppCompatActivity;
import android.os.Bundle;
import android.content.ContentValues;
import android.content.Context;
import android.database.sqlite.SQLiteDatabase;
import android.os.Bundle;
import android.support.v7.app.AppCompatActivity;
import android.widget.TextView;
public class MainActivity extends AppCompatActivity {
  static final String db_name="testDB"; // 数据库名称
  static final String tb_name="test";      // 数据表名称
  SQLiteDatabase db; // 数据库对象
  @Override
  protected void onCreate(Bundle savedInstanceState) {
     super.onCreate(savedInstanceState);
    setContentView(R.layout.activity_main);

     // 打开或创建数据库
     db = openOrCreateDatabase(db_name,  Context.MODE_PRIVATE, null);
    String createTable="CREATE TABLE IF NOT EXISTS " +
            tb_name +       // 数据表名称
            "(name VARCHAR(32), " +   // 姓名字段
            "phone VARCHAR(16), " +   // 电话字段
            "email VARCHAR(64))"; //email 字段
   db.execSQL(createTable);  // 创建数据表

    // 调用自定义的 addData（ ）方法 写入 2 组数据
     addData("Flag Publishing Co.","02-23963257","service@flag.com.tw");
     addData("PCDIY Magazine","02-23214335","service@pcdiy.com.tw");

     TextView txv=(TextView)findViewById(R.id.txv);
```

```
30      txv.setText(" 数据库文件路径 : " + db.getPath ( ) + "\n\n" + // 获取并显示数据库信息
31          " 数据库分页大小 : " + db.getPageSize ( ) + " Bytes\n\n" +
32          " 数据库大小上限 : " + db.getMaximumSize ( ) + " Bytes");

33    db.close ( );     // 关闭数据库
34  }

35  private void addData(String name, String phone, String email) {
36      ContentValues cv=new ContentValues(3); // 创建含 3 个数据项的对象
37      cv.put("name", name);
38      cv.put("phone", phone);
39      cv.put("email", email);

40      db.insert(tb_name, null, cv); // 将数据加到数据表
41  }
42 }
```

•第 19 行调用 openOrCreateDatabase ( ) 获取数据库对象。方法中第 1 个参数使用第 2 个参数定义的数据库名称，第 2 个参数使用内建常数 Context.MODE_PRIVATE 将数据库设为仅供自己使用。

•第 20 ~ 24 行创建“CREATE TABLE”的 SQL 语法字符串。第 20 行在“CREATE TABLE”后面加上“IF NOT EXISTS”，表示制定的数据表“test”（tb_name 的值）不存在于数据库中，才会进行创建，否则不创建。所以，第 2 次执行程序时，就不会再执行创建的操作。在“CREATE TABLE”语句中加上“IF NOT EXISTS”的技巧相当实用，可简化设计逻辑。

•第 25 行用数据库对象调用 execSQL ( ) 方法，执行“CREATE TABLE0…语句”。

•第 27、28 行调用自定义的 addData ( ) 在数据表新增 2 个记录。

•第 29 ~ 32 行将一些基本的数据库信息输出到 TextView 上。其中，调用 get × × × ( ) 方法都是 SQLiteDatabase 内建方法，它们会返回数据库对象的相关信息。

•第 33 行调用 close ( ) 方法关闭数据库连接。

•第 35 ~ 39 是自定义的 addData ( ) 方法，其作用就是将 3 个参数字符串加到数据表中成为一个新记录。

•第 36 行创建含 3 个项目的 ContentValues 对象，并接着用 put ( ) 方法将名称、电话、电子邮件字符串加到对象中。

•第 40 行用数据库对象的 insert ( ) 方法将 ContentValues 对象内容新增到数据表中。

测试效果查看

将程序部署到手机、仿真机上执行，就会看到如图 9-1 结果。

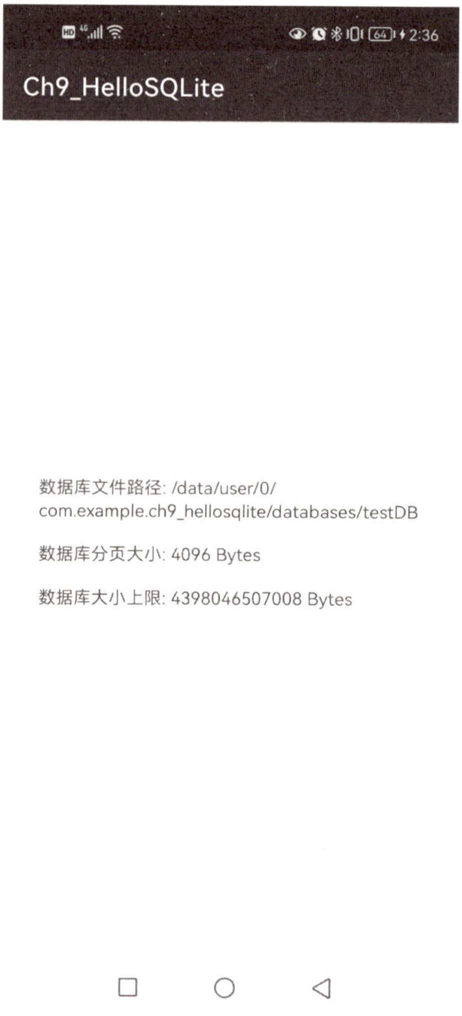

图 9-1　运行结果

由于尚未介绍查询的 SQL 语法及如何查看查询结果，因此本节只写入数据而没有读取写入的数据。若想查看数据存放的情况，可参考后面说明框中的介绍，或用下一节介绍的方法读出数据。

【小　结】

本节学习了数据库的创建和数据的插入。

9.2　查询数据

使用 SELECT 语句进行数据查询

使用 SQLiteDatabase 对象查询数据表中的数据，需要用到 SQL 的 SELECT 语句。下面将快速介绍 SQL 中的查询语句，再说明如何在程序中读取查询的结果。

SELECT 语句的基本语法如下：

SELECT 字段名 FROM 数据表名称；

"字段名"的部分可以列出数据表中的一个或多个字段（以逗号分隔），或是用星号"*""代表所有字段"。例如，对于范例 test 数据表，下面的两个语句是一样的意思：

SELECT * FROM test ;// 直接用 * // 代表"所有字段"

SELECT name,phone,,email FROM test

9.2.1　使用 Cursor 对象获取查询结果

要执行查询，需要用到 SQLiteDatabase 对象的 rawQuery（ ）方法，第 1 个参数为 SELECT 语句，第 2 个参数设为 null 即可：

rawQuery（"SELECT * FROM test",null）;// 返回 test 数据表的所有记录

rawQuery 相比 execSQL，前者适用于查询有返回值的情况，后者适用于无返回值的情况。

rawQuery（ ）方法返回的查询结果为 Cursor 类的对象，Cursor 可称为"数据指针"，简单地说，要读取查询结果中某一个记录，就必须将 Cursor 指针指向它，之后才能读取其内容（后详）。一般处理数据时大多是按序处理，此时可用表 9-2 所示的 2 组方法来移动 Cursor 对象的指针。

表 9-2　移动 Cursor 对象指针的方法

moveToFirst（ ）	移到第一个记录	moveToLast（ ）	移到最后一个记录
moveToNext（ ）	移到下一个记录	moveToPrevious（ ）	移到前一个记录

这些方法都会在移动成功时返回 true，移动失败时返回 false。对 moveToFirst（ ）、moveToLast（ ）来说，失败表示查询结果中"没有任何数据"，而 moveToNext（ ）返回失败则表示已经到最后一个记录，没有下一个记录。moveToPrevious（ ）返回失败则表示已经到第一个记录了，无法再往前。所以，要逐个查询结果中所有的记录，可用如下的循环来处理：

```
Cursor  cur=db. rawQuery（"SELECT * FROM test"）;// 执行查询
if(cur.moveToFirst（ ）） // 查询结果中有数据才继续
do{            // 利用 do/while 循环逐个读取
… // 读取 [ 指针 ] 所指的数据
```

}while（cur.moveToNext（））；// 若还有下一个记录，就继续 do/while 循环

要判断查询结果是否有数据，也可用 Cursor 的 getCount（）方法，返回值就是数据个数。若返回 0，则表示没有数据。

9.2.2 使用 Cursor 对象的 get×××（　）方法读取数据

用 Cursor 对象读取的方式是以“字段索引编号”（从 0 起算）为参数的，调用对应的 get×××（）方法即可返回该字段的内容：

getDouble（字段索引）// 读取 Double 数据

getFloat（字段索引）// 读取 Float 数据

getInt（字段索引）// 读取 Int 数据

getLong（字段索引）// 读取 Long 数据

getShort（字段索引）// 读取 Short 数据

getString（字段索引）// 读取字符串

以之前包含 name、phone、email 3 个字符串字段的数据表为例，读取数据的方式为：

Cursor c=db.rawQuery（"SELECT * FROM test"）；

…

c.getString(0); // 读“name”字段的值

c.getString(1); // 读“phone”字段的值

c.getString(2); // 读“email”字段的值

若想用“字段名”读取数据，则必须先用 getColumnIndex( )方法获取字段索引，例如：

c.getString(getColumnIndex("name"));

c.getString(getColumnIndex("phone"));

c.getString(getColumnIndex("email"));

在后面的范例中，会先用看起来比较简捷的方式：直接使用索引值调用 get×××（）。但读者自行开发程序时要注意，如果查询的 SELECT 语句中只查询了部分字段或改变了字段顺序，那么此时用 getColumnIndex（）先获取字段索引就不会取错字段了。

9.2.3 范例：读取查询结果

在此将上一节的范例加上查询操作以及利用 Cursor 读取查询结果的功能，并将数据显示在 TextView 上，如图 9-2 所示。

图 9-2　运行结果

创建查询数据项目

将前一节的范例 Ch9_HelloSQLite 项目复制成 Ch9_HelloCursor 项目，布局不需要修改。

代码的修改

打开 MainActivity.java，将 onCreate（ ）后半段程序修改如下：

```
protected void onCreate(Bundle savedInstanceState) {
    super.onCreate(savedInstanceState);
   setContentView(R.layout.activity_main);
```

```

// 打开或创建数据库
  db = openOrCreateDatabase(db_name,  Context.MODE_PRIVATE, null);

  String createTable="CREATE TABLE IF NOT EXISTS " +
        tb_name +      // 数据表名称
        "(name VARCHAR(32), " +   // 姓名字段
        "phone VARCHAR(16), " +   // 电话字段
        "email VARCHAR(64))"; //Email 字段
  db.execSQL(createTable);  // 创建数据表

  Cursor c=db.rawQuery("SELECT * FROM "+tb_name, null); // 查询 tb_name 数据表中的所有数据
  if (c.getCount ( ) ==0){ // 若无数据，则立即新增 1 笔数据
    addData("Flag Publishing Co.","02-23963257","service@flag.com.tw");
    c=db.rawQuery("SELECT * FROM "+tb_name, null); // 重新查询

  }

  if (c.getCount ( ) >0){  // 若有数据
    String str=" 总共有 "+c.getCount ( ) +" 项数据 \n";
    str+="-----\n";

   do{     // 逐项读出数据
       str+="name:"+c.getString(0)+"\n";
     str+="phone:"+c.getString(1)+"\n";
     str+="email:"+c.getString(2)+"\n";
     str+="-----\n";
    } while(c.moveToPrevious ( ) );  // 有一下项就继续循环

    TextView txv=(TextView)findViewById(R.id.txv);
    txv.setText(str);
  }

 db.close ( ) ;     // 关闭数据库
}
```

- 第 15 行调用 rawQuery ( ) 执行 SELECT 查询语句，并将结果设置给 Cursor 对象 c。
- 第 16 行检查查询结果的数据项数是否为 0，若是 0 (没有数据) 则执行 addData ( ) 方法加入数据，并在第 20 行重新执行查询。
- 第 22 ~ 35 行即是在有数据的情况下（这次改用 moveToFirst ( ) 检查），逐项读取数据内容，并显示到 TextView。
- 第 23 行创建要显示在 TextView 的信息字符串，此处先加入总共有几项数据的信息。
- 第 26 ~ 31 行为逐项读取数据的 do-while 循环，循环中 getString ( ) 读到的字符串连同字段名称一起附加到字符串中。
- 第 33、34 行将刚才创建的字符串设置到 TextView。

查看测试效果

将程序部署到手机、仿真器上，查看是否和本范例最前面的效果一样。

【小　结】

本节学习了数据的查询获取，结合 9.1 节的内容，读者可以自行添加查询数据。

9.3　贴心通信簿

认识 SQLite 数据库的基本用法后，就可以更进一步利用 ListView 来显示 Cursor 对象的内容，设计出实用的应用程序。

本节要教大家设计一个“贴心通信簿”程序：虽然手机内建通信簿的功能，但通常我们都会输入相当多的联系人信息，导致有时候打电话给某位重要的亲友时，还得花时间搜索一下。本节要设计的就是一个辅助性的通信簿程序，用户可输入少数几位重要人士的通信信息，有需要时，启动程序就能立即拨打电话或发送电子邮件给对方，省去在通信簿中搜索的不便，完成效果如图 9-3 所示。

图 9-3　完成效果

使用 SimpleCursorAdapter 自定义 ListView 版面

项目 4 曾介绍过可使用 ArrayAdapter 来设置 ListView 组件的数据源（当时是使用字符串数组为数据源，参见项目 4），如果想直接使用 Cursor 对象为数据源，就需要改用 SimpleCursorAdapter 类创建 Adapter 对象，再调用 setAdapter（ ）方法设置给 ListView。

但使用 SimpleCursorAdapter 时，由于数据源 Cursor 对象中包含了多个字段（例如前一节的 name、phone、email 字段），因此在构建方法中必须指定各个字段的数据，以及要如何应对到列表项的各个组件。

```
SimpleCursorAdapter （MainActivity.this,
              int layout,  // 在 ListView 中显示每个数据项所用的布局
              Cursor c,  // 以 Cursor 对象为数据源
              String[ ] from, //Cursor 中的字段名数组
              int[ ] to,      //layout（第 2 个参数）中的组件 ID 数组
              0);       // 指定 Adapter 运行模式，本例不使用，故设为 0
```

简单地说，from 数组中的字段会对应到 to 数组所指的某个 TextView。举例来说，范例程序查询到的字段名包括 {name、phone、email}，而项目布局内有 3 个 TextView，其资源 ID 为 {R.id.name，R.id.phone，R.id.email}，所以将它们设为上例的 from、to 参数，就能让 Cursor 中每项数据一一显示在项目布局中适当的 TextView 中。

图 9-4 中含有的 3 个 TextView 的布局是自定义的布局，只要在项目中新增一个布局文件，并按平常设计 Activity 的方式设计其内容，再指定 SimpleCursorAdapter 构建方法第 2 个参数，最后将 SimpleCursorAdapter 对象设为 ListView 的 Adapter，ListView 就会使用我们自定义的布局来显示数据了。

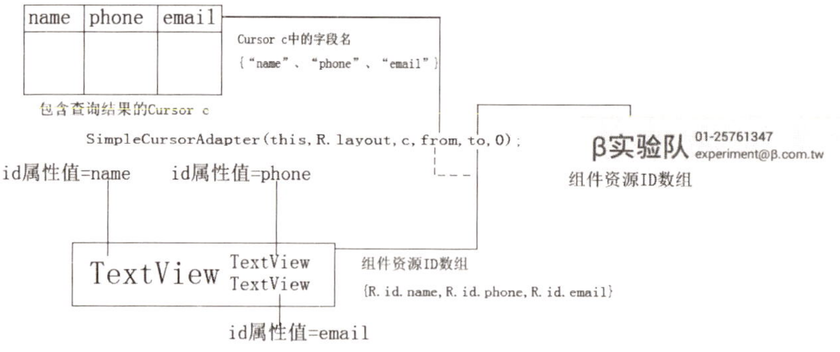

图 9-4 数据分析

9.3.1 数据表的“_id”字段

在 SimpleCursorAdapter 构建方法中指定的 Cursor 对象中，数据字段必须包含一个整数字段“_id”，SimpleCursorAdapter 内部会用到这个字段，所以在范例程序中会将

创建数据表 CREATE TABLE 语句改为：

```
CREATE TABLE hotlist (_id INTEGER PRIMARY KEY AUTOINCREMENT,
                      name VARCHAR(32),
                      name VARCHAR(16),
                      name VARCHAR(32))
```

其中，INTEGER 表示整数数据类型，AUTOTNCREMENT 表示字段值是自动（AUTO）递增（INCREMENT）的，不需要自行设置。例如，加入第 1 项数据时，“_id”字段会自动为 1；加入第 2 项数据时，“_id”字段会自动为 2，以此类推。

创建如上数据表并加入数据后，用“SELECT * FROM holist”查询所得到的 Cursor 对象就会包含“_id”字段，可以设置给 SimpleCursorAdapter 使用。另外，程序中在进行数据库更新 / 删除操作时，也会利用这个“_id”字段来指定所要更新 / 删除的数据时数据库中的哪一项。

9.3.2　范例：贴心通信簿

创建贴心通信簿项目

创建新项目 Ch9_MyHotline，并将 app_name 改为“贴心通信簿”。进入布局编辑器后，将预建立布局的 RelativeLayout 换成 LinearLayout，并加入组件，如图 9-5 所示。

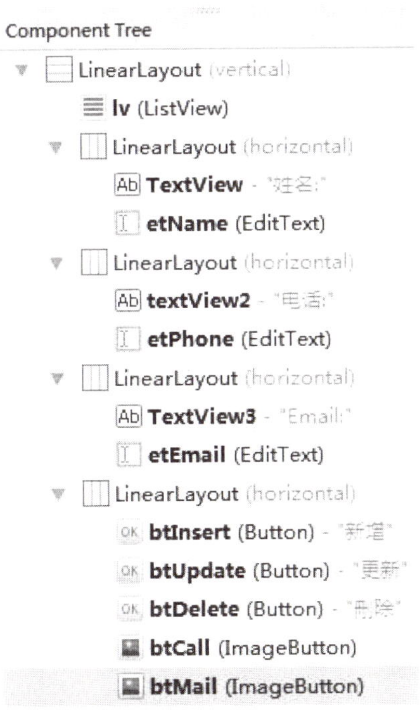

图 9-5　所需组件

ImageButton 是可显示图像的 Button 组件，设置 src 属性的方式类似 ImageView（见项目 4），并可直接指定 onClick 属性设置单击此按钮时要执行的方法名称，组件属性设置如图 9-6、图 9-7 所示。

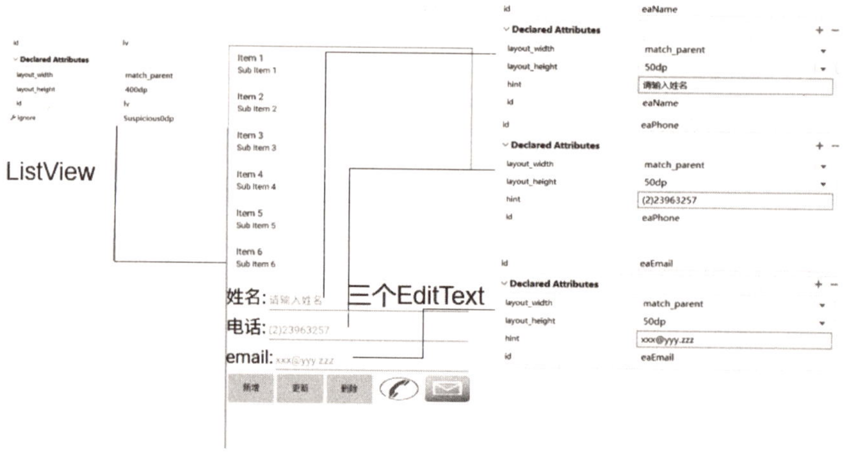

图 9-6　组件属性设置

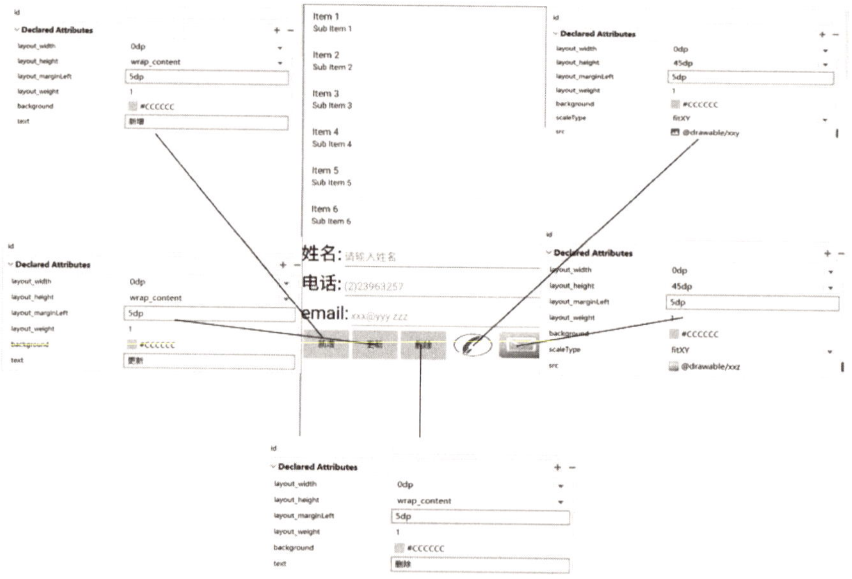

图 9-7　设置各组件属性

添加布局

接着按如下方式在项目中加入新的布局，如图 9-8 所示。

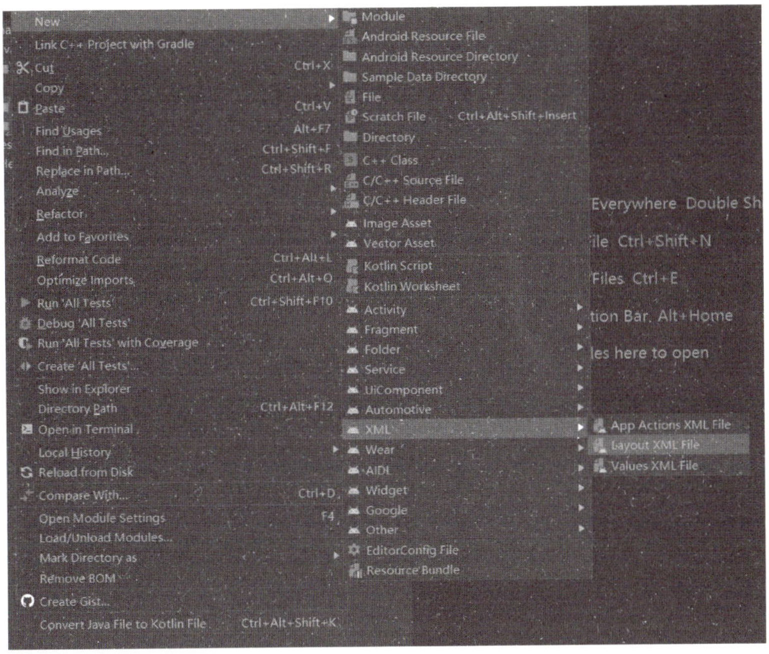

图 9-8　新增的 Activity

在 Layou File Name 中填写新布局名称，单击 Finish 按钮，完成布局的创建，如图 9-9 所示。

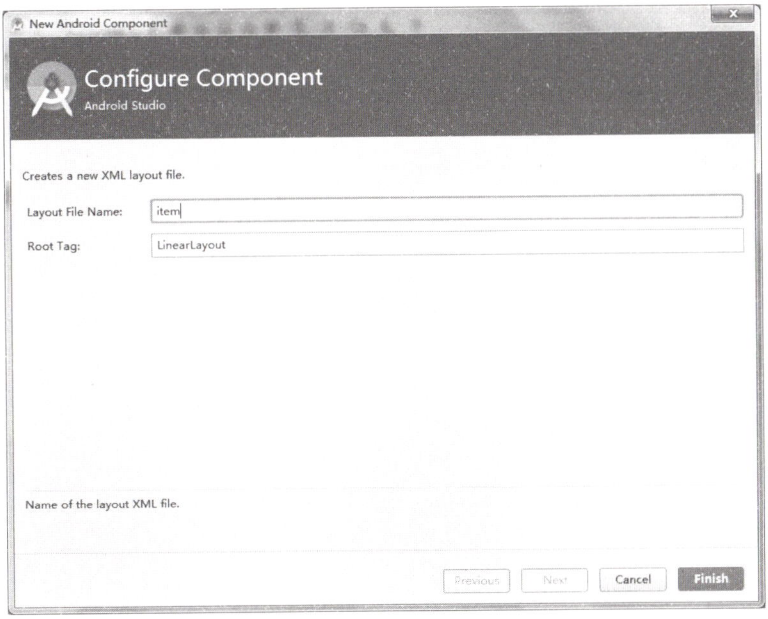

图 9-9　新增布局文件 XML

创建好的布局文件如图 9-10 所示。

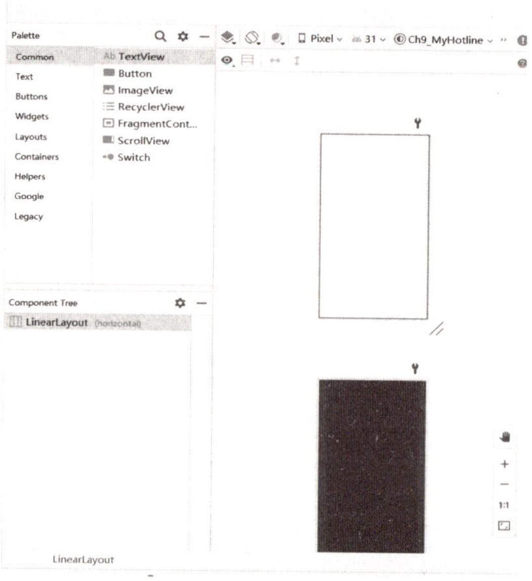

图 9-10　新布局 XML

同样地，我们点击 Text 标签按钮，切换到 XML 编辑器页面，用代码的方式加入 3 个 TextView，当然也可以用项目 2 中提到的方法，按住鼠标左键，直接拖动左窗口中需要的控件至布局中，再释放鼠标。图 9-11 即为进入 XML 编辑器中用代码的方式加入需要的 3 个 TextView。

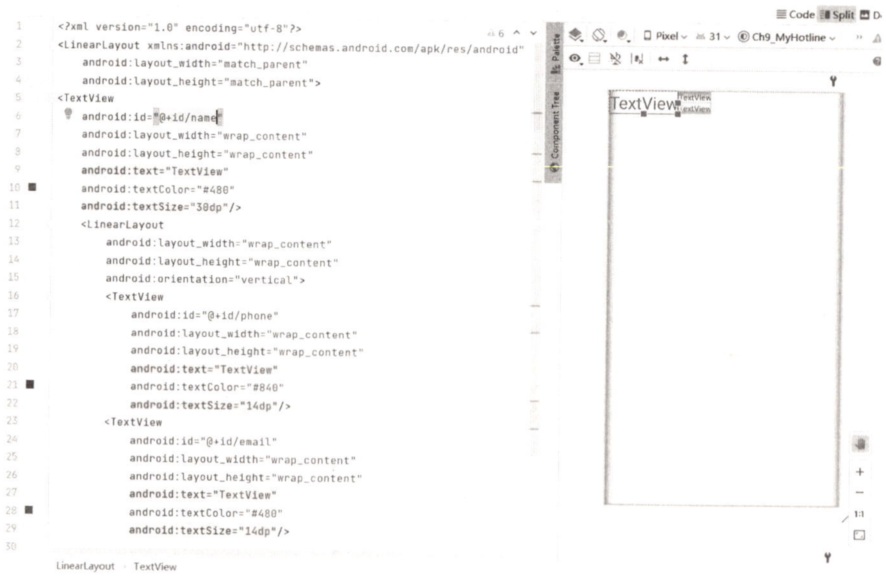

图 9-11　添加组件

初始化数据库及组件

接着打开 MainActivity.java，创建如下类变量，并在 onCreat（ ）方法中初始化。

```
public class MainActivity extends AppCompatActivity{
    implements AdapterView.OnItemClickListener {
  static final String DB_NAME="HotlineDB";
  static final String TB_NAME="hotlist";
  static final int MAX=8;
  static final String[ ] FROM=new String[ ] {"name","phone","email"};
  SQLiteDatabase db;
  Cursor cur;
  SimpleCursorAdapter adapter;
  EditText etName,etPhone,etEmail;
  Button btInsert, btUpdate, btDelete;
  ListView lv;

  @Override
  protected void onCreate(Bundle savedInstanceState) {
    super.onCreate(savedInstanceState);
    setContentView(R.layout.activity_main);

    etName=(EditText)findViewById(R.id.etName);
    etPhone=(EditText)findViewById(R.id.etPhone);
    etEmail=(EditText)findViewById(R.id.etEmail);
    btInsert =(Button)findViewById(R.id.btInsert);
    btUpdate =(Button)findViewById(R.id.btUpdate);
    btDelete =(Button)findViewById(R.id.btDelete);

    // 打开或创建数据库
    db = openOrCreateDatabase(DB_NAME, Context.MODE_PRIVATE, null);

    // 创建数据表
    String createTable="CREATE TABLE IF NOT EXISTS " + TB_NAME +
        "(_id INTEGER PRIMARY KEY AUTOINCREMENT, " + // 索引字段
        "name VARCHAR(32), " +
        "phone VARCHAR(16), " +
```

```
34            "email VARCHAR(64))";
35      db.execSQL(createTable);
36
37      cur=db.rawQuery("SELECT * FROM "+ TB_NAME, null);  // 查询数据
38
39      // 若查询结果是空的则写入 2 项测试数据
40      if(cur.getCount ( ) ==0){
41         addData(" β 实验队 ","01-23761347","experiment@ β .com.tw");
42         addData(" β 实验队 ","02-25487335"," experiment@ β .com.tw");
43      }
44
45     // 创建 Adapter 对象
46     adapter=new SimpleCursorAdapter(this,
47             R.layout.item, cur,
48             FROM,
49             new int[ ] {R.id.name,R.id.phone,R.id.email}, 0);
50
51      lv=(ListView)findViewById(R.id.lv);
52      lv.setAdapter(adapter);          // 设置 Adapter
53      lv.setOnItemClickListener(this); // 设置单击事件的监听器
54      requery ( ) ; // 调用自定义方法，重新查询及设置按钮状态
55  }
```

●第 1 行用 MainActivity 类声明要实现 AdapterView.OnItemClickListener 事件，稍后会加入必要的 onItemClick ( ) 方法。

●第 2 ~ 6 行是程序中要用到的常数，第 5 行的 MAX 限制程序中可加入的联络人数量，第 6 行则是将数据表经常使用的字段名存于数组，而且也可直接当成参数用在 SimpleCursorAdapter 构建方法中（见第 49 行），在输入 SimpleCursorAdapter 类名称时，由于有 2 个程序包包含此类，因此要选择“android.support.v4.widget.SimpleCursorAdapter”这一项，程序才能在 2.X 的手机上执行。

●第 31 行在数据表中加入必要的“_id”索引字段，除供 SimpleCursorAdapter 使用外，程序在更新、删除数据时也会用到此字段。

●第 41、42 行加入 2 项测试数据。此处没有像本项目前两个范例那样立即重新查询，而是在第 54 行才重新查询（后详）。

●第 46 ~ 49 行构建 SimpleCursorAdapter 对象。

●第 2 个参数（第 47 行）是先创建的自定义布局。

- 第 4 个参数（第 48 行）直接使用第 5 行定义的字段名数组。
- 第 5 个参数（第 49 行）是自定义布局 item.xml 中各个 TextView 的资源 ID 数组。
- 第 52、53 行设置 ListView 的 Adapter 对象，以及设置监听器。
- 第 54 行调用的 requery（ ）是自定义的方法（见下段第 19 ~ 28 行）。此方法会更新 Adapter 的 Cursor 内容，并调整按钮状态（例如在数据项已达到 MAX 上限值时，停用“新增”按钮，让用户无法再新增联系人）。

自定义数据操作方法

接着接入新增数据、更新数据、重新查询等的自定义方法：

```
01 private void addData(String name, String phone, String email) {
02     ContentValues cv=new ContentValues(3); // 创建含 3 个字段的 ContentValues 对象
03     cv.put(FROM[0], name);
04     cv.put(FROM[1], phone);
05     cv.put(FROM[2], email);
06
07     db.insert(TB_NAME, null, cv);  // 新增 1 个记录
08 }
09
10 private void update(String name, String phone, String email, int id) {
11     ContentValues cv=new ContentValues(3);
12     cv.put(FROM[0], name);
13     cv.put(FROM[1], phone);
14     cv.put(FROM[2], email);
15
16     db.update(TB_NAME, cv, "_id="+id, null);  // 更新 id 所指的字段
17 }
18
19 private void requery（ ）{  // 重新查询的自定义方法
20     cur=db.rawQuery("SELECT * FROM "+TB_NAME, null);
21     adapter.changeCursor(cur); // 更改 Adapter 的 Cursor
22     if(cur.getCount（ ）==MAX) // 已达上限，停用新增按钮
23         btInsert.setEnabled(false);
24     else
25         btInsert.setEnabled(true);
```

```
26      btUpdate.setEnabled(false);   // 停用更新按钮
27      btDelete.setEnabled(false);   // 停用删除按钮
28  }
```

●第 1 ~ 8 行是新增数据的方法，其内容和本项目先前使用的 addData（ ）方法类似，只是字段名改由程序中定义的 FROM 字符串数组获取。

●第 10 ~ 17 行则是更新数据的方法，第 16 行调用的是 SQLiteDatabase 类内建的 update（ ）方法。方法第 3 个参数是用来设置更新的条件，此处设置 "“_id=”+id" 表示利用 _id 字段来指定所要更新的记录是哪一个：

```
db.update(TB_NAME,  // 要更新的数据表
cv,        // 内含新数据的 ContentValues 对象
"_id="+id,   // 更新的条件判断式
null);     // 此参数本例不使用，故设为 null。
```

●第 19 ~ 28 行为重新查询数据表的自定义方法，第 20 行会执行查询，并在第 21 行调用 SimpleCursorAdapter 的 changeCursor（ ）方法更新数据，同时也会更新 ListView 显示的数据。

●第 22 ~ 27 行则是调整各按钮的状态，第 22 行检查数据项数，若已达到 MAX 上限值，就停用“新增”按钮。第 26、27 行则是更新、删除按钮设为停用，用户重新选择选项时，才会重新启用［在 onItemClick（ ）方法中设置］。

实现具体的点击事件

最后加入 ListView 的 onItemClick（ ）方法及各种按钮的 On Click 事件的方法：

```
@Override
public void onItemClick(AdapterView<?> parent, View v, int position, long id) {
    cur.moveToPosition(position); //  移动 Cursor 至用户选取的选项
    // 读出姓名 , 电话 ,Email 数据并显示
    etName.setText(cur.getString(
            cur.getColumnIndex(FROM[0])));
    etPhone.setText(cur.getString(
            cur.getColumnIndex(FROM[1])));
    etEmail.setText(cur.getString(
            cur.getColumnIndex(FROM[2])));

    btUpdate.setEnabled(true); // 启用更新按钮
```

```
    btDelete.setEnabled(true); // 启用删除按钮
}

public void onInsertUpdate(View v){
    String nameStr=etName.getText().toString().trim();
    String phoneStr=etPhone.getText().toString().trim();
    String emailStr=etEmail.getText().toString().trim();
    if(nameStr.length()==0 || // 任一字段的内容为空即返回
            phoneStr.length()==0 ||
            emailStr.length()==0) return;

    if(v.getId()==R.id.btUpdate)  // 单击更新按钮
        update(nameStr, phoneStr, emailStr, cur.getInt(0));
    else                          // 单击新增按钮
        addData(nameStr, phoneStr, emailStr);

    requery(); // 更新 Cursor 内容
}

public void onDelete(View v){ // 删除按钮的 On Click 事件方法
    db.delete(TB_NAME, "_id="+cur.getInt(0),null);
    requery();
}

public void call(View v){ // 打电话
    String uri="tel:" + cur.getString(
            cur.getColumnIndex(FROM[1]));
    Intent it = new Intent(Intent.ACTION_VIEW, Uri.parse(uri));
    startActivity(it);
}

public void mail(View v){ // 发送电子邮件
    String uri="mailto:"+cur.getString(
            cur.getColumnIndex(FROM[2]));
    Intent it = new Intent(Intent.ACTION_SENDTO, Uri.parse(uri));
    startActivity(it);
```

```
49 }
```

•第 2 ~ 14 行为 ListView 选项被单击时调用 onItemClick（ ）方法，第 3 行先用 Cursor 的 moveToPosition（ ）移动用户所选的项目，然后从 Cursor 读取数据，并显示在界面下方的 EditText 组件。最后在第 12、13 行启用界面上的“更新”及“删除”按钮。

•第 16 ~ 30 行是“新增”“查询”按钮 On Click 属性所指的按钮事件方法，因为“新增”“查询”的处理操作中读取输入的部分相同，所以此处为简化设计，让它们共享同一个方法。

•第 17 ~ 22 行获取并检查所有字段是否为空白，若有任一字段为空白则直接返回（return），不进行处理。

•第 24 ~ 27 行判断被单击的按钮，以决定要调用自定义的 update( ) 还是 addData( ) 方法。第 29 行在处理完成后调用 requery（ ）更新 ListView 及调整按钮状态。

•第 32 ~ 35 行是“删除”按钮 On Click 属性所指的按钮事件方法，此处直接调用 SQLiteDatabase（ ）的 delete（ ）方法，此方法只需要指定数据表名称和要删除的条件判断式，这里同样用”_id=×××”的语法来指定要删除的记录：

```
db.delete(tb_name,              // 数据表名称
"_id="+cur.getInt(0),           // 删除的条件判断式
null);                          // 此参数本例不使用，故设为 null。
```

•第 37 ~ 42 行是打电话按钮 On Click 属性所指的按钮事件方法，此处使用项目 5 介绍的内容，创建及启动拨打电话的 Intent。

•第 44 ~ 49 行是发送电子邮件按钮 On Click 属性所指定的按钮事件方法，此处使用项目 5 介绍的内容，创建及启动发送 email 的 Intent。

查看测试效果

将程序部署到手机、仿真器上进行测试，运行效果如图 9-12 所示。

输入数据后按新增按钮，如图 9-13 所示。

点击拨打电话图标按钮即可启动拨号的 Activity，效果如图 9-14 所示。

重点整理

（1）Android 内建了开放源码的嵌入式数据库引擎 SQLite，让 Android App 可以很方便地利用它存储数据。

（2）要创建或打开数据库，可在 MainActivity 类中调用 openOrCreateDatabase( ) 方法，指定的数据库名称若不存在则会立即创建新数据库并打开；若已存在则直接打开。返回值为代表数据库的 SQLiteDatabase 对象。

（3）SQLiteDatabase 类已内建了许多方法可用于进行一般数据维护和查询，要执行非 SELECT 的 SQL 语句，可使用 execSQL（ ）方法；新增、更新数据可使用 insert（ ）、

图 9-12　运行效果

图 9-13　运行结果

图 9-14　拨打效果

update ( ) 方法，且需搭配 ContentValues 类对象指定所要新增 / 更新的数据；删除的 delete ( ) 方法则只需要指定数据表、要删除的条件。

（4）SQLiteDatabase 的 rawQuery ( ) 方法可用以执行 SELECT 查询，返回值包含查询结果的 Cursor 对象。

（5）使用 Cursor 对象存取查询结果时，可用 moveToFirst ( )（移到第一项）、moveToLast ( )（移到最后一项）、moveToNext ( )（移到下一项）、moveToPrevious ( )（移到前一项）移动 Cursor。getCount ( ) 方法则会返回查询结果中的记录个数。

（6）调用 moveToFirst ( )、moveToLast ( )，若返回 false，则表示查询结果中“没有数据”；而 moveToNext ( )、moveToPrevious ( ) 返回 false 则表示无法再向后 / 向前移动了。

（7）用 Cursor 对象以“字段索引编号”（从 0 算起）为参数，调用对应的 get×××( ) 方法即可返回该字段的数据。若不能确定字段索引值，则可用字段名称调用 getColumnIndex ( ) 获取字段索引。

（8）要用 Cursor 对象作为 ListView 显示选项的数据源，需要使用 Cursor 创建 SimpleCursorAdapter 对象，再以此对象为参数，调用 ListView 的 setAdapter ( ) 方法。

（9）在 SimpleCursorAdapter ( ) 构建方法的第 4、5 参数是用字符串数组的方式指定要显示的字段名，并用 int 数组指定布局中组件的资源 ID，表示用这些组件显示各字段的内容。

（10）用在 SimpleCursorAdapter 的 Cursor 对象的数据字段必须包含一个整数字段

"_id"，供 SimpleCursorAdapter 辨别所处理的数据是哪一项。

【小 结】

本节帮助读者巩固了前两节的知识，当然也有很多的不足之处，欢迎读者指出。

参考文献

[1] 梅德尼克斯 .Programming Android[M]. 南京：东南大学出版社，2011.

[2] 高凯 .Android 程序设计基础教程 [M]. 北京：国防工业出版社， 2015.

[3] 左军 . Android 程序设计经典教程 [M]. 北京：清华大学出版社，2015.

[4] 萨师煊， 王珊 . 数据库系统概论 [M].2 版 . 北京：高等教育出版社， 1991.

[5] 王珊， 陈红 . 数据库系统原理教程 [M]. 北京：清华大学出版社，1998.

[6] 李刚 . 疯狂 Android 讲义 [M]. 北京：电子工业出版社，2007.

[7] 余志龙，陈昱勋，郑名杰，等 . Google Android SDK 开发范例大全 [M].3 版 . 北京：人民邮电出版社，2011.

[8] 郭霖 . 第一行代码 Android[M].2 版 . 北京：人民邮电出版社， 2016.

[9] 明日科技 . Android 从入门到精通 [M]. 北京：清华大学出版社，2012.

[10] 顾浩鑫 .Android 高级进阶 [M]. 北京：电子工业出版社，2016.

[11] 朱元波 . Android 传感器开发与智能设备案例实战 [M]. 北京：人民邮电出版社，2016.

[12] 李天祥 . Android 物联网开发细致入门与最佳实践 [M]. 北京：中国铁道出版社，2016.

[13] 巅峰卓越 . Android 从入门到精通 [M]. 北京：人民邮电出版社， 2016.

[14] 李兴华 . Android 开发实战经典 [M]. 北京：清华大学出版社，2012.

[15] 王翠萍 . Android 经典项目开发实战 [M]. 北京：清华大学出版社，2015.

[16] 武永亮 . Android 开发范例实战宝典 [M]. 北京：清华大学出版社，2014.

[17] 吴亚峰，苏亚光，于复兴 . Android 应用案例开发大全 [M]. 3 版 . 北京：人民邮电出版社， 2011.

[18] 徐诚 . 零点起飞学 Android 开发 [M]. 北京：清华大学出版社，2013.

[19] 李宁宁 . 基于 Android Studio 的应用程序开发教程 [M]. 北京：电子工业出版社，2016.